내가 사랑한 화학 이야기

"화학자가 보는 일상의 과학 원리"

내가 사랑한 화학 이야기

지은이 | **사이토 가쓰히로**

옮긴이 | **전화윤**

청어람e

들어가며

당신의 가슴을 두근거리게 할 화학의 세계로 초대합니다

우리가 사는 세계는 전부 '물질'로 채워져 있습니다. 지금 당신을 숨 쉬게 하는 공기를 비롯해 주변에서 매일 같이 보는 꽃, 돌, 공산품, 그리고 우리 신체에 이르기까지, 다들 형태는 다르지만 모두 물질로 이루어져 있습니다. 그런데 물질은 극히 드문 경우를 제외하고 대부분 '분자'로 구성되어 있습니다. 즉, 이 세상은 모두 화학물질로 이루어져 있는 셈입니다.

때문에 우리는 화학물질의 **'법칙과 원리'**에 따라 움직이며, 하루하루 화학의 힘을 빌려 살고 있다고 해도 과언이 아닐 것입니다. 지금도 많은 기업이 화학의 힘인 법칙과 원리를 이용하여 다양한 제품을 제조하는 데 힘을 쏟고 있지요. 그런 의미에서 화학을 아는 것은, 우리의 생활을 들여다보고 나아가 더 나은 일상을 만드는 일로도 연결됩니다.

그렇지만 "그럼 화학 공부를 한번 해볼까?" 하는 생각으로 오랜만에 고등학교 시절 배웠던 화학 교과서를 펼쳐 본다 해도 머릿속에 잘 들어올 리 없습니다. 왜냐하면 화학 교과서는 화학의 모든 분야를 종합적으로 다루고 있어 실생활이나 기업 활동, 미래 사회에 필요한 기술과는 직접적인 관련 없이 나열되어 있기 때문입니다. 많은 분이 고등학교 시절 화학에 흥미를 잃은 가장 큰 원인이 아마도 여기에 있지 않을까 싶습니다.

이 책에는 우리가 살아가는 데 필요한 화학 지식은 무엇인지, 어떤 제품이 어느 화학의 법칙과 원리를 바탕으로 만들어졌는지, 화학이 우리의 일상을 풍요롭게 하는 데 얼마나 기여했는지 등을 차곡차곡 정리해 담았습니다.

책장을 넘길 때마다 이곳에 펼쳐진 화학의 세계를 바라보며 새롭고 신기한 이야기에 가슴 두근거리는 시간을 보내신다면 좋겠습니다.

이 책을 읽기 전에 화학에 관한 기초 지식은 필요 없다는 점을 미리 말씀드립니다. 필요한 지식은 그때그때 책에 적어두었으니 걱정하실 필요 없습니다.

그럼 이제부터 교과서에서는 보지 못했던 위대한 화학의 세계를 만나러 가볼까요?

PART 1에는 '**우리의 일상에 숨어 있는 화학**'이라는 제목을 붙였습니다. 화학에서는 매우 많은 종류의 화학물질을 다룹니다. 이들 물질을 하나하나 개별적으로 설명하는 방식은 저도 감당하기 힘들고 여러분도 방대한 내용을 암기하기 쉽지 않을 겁니다. 그럴 때는 비슷한 물질의 성질과 반응을 간단한 표현으로 정리하면 이해가 쉽습니다. 이것이 바로 '**법칙**'과 '**원리**'입니다. 여기에서는 이러한 법칙과 원리 가운데 가장 기본적인 것들을 살펴봅니다.

PART 2는 '**우리의 기술을 키운 화학**'이라는 제목입니다. 일본은 자원 보유량이 적은 나라이기 때문에 이를 효율적으로 활용하고자 자원에 되도록 높은 부가가치를 덧붙여 전 세계로 공급하고 있습니다. 이러한 일본 산업의 전반에서 널리 이용되고 있는 화학의 법칙과 원리를 살펴보았습니다.

PART 3에서는 '**화학으로 알아보는 자연현상**'을 다룹니다. 평소 우리가 별 생각 없이 마주하는 구름과 비 같은 자연현상도 기체·액체·고체라는 다양한 화학적 성질을 배우면 더 폭넓게 이해할 수 있습니다. 이 장에서는 과포화·과냉각 상태, 보일-샤를의 법칙, 아보가드로의 법칙 등 화학적 지식을 통해 자연현상을 이해해보고자 합니다.

PART 4는 '화학이 우리를 살렸다 _의료·생명·환경'을 다룹니다. 우리의 건강 상태와 화학은 긴밀한 연결고리를 가지고 있습니다. 특히 의료와 환경 문제 분야는 화학의 독무대라고 해도 과언이 아닙니다. 이와 관련한 여러 흥미로운 이야기를 모아보았습니다.

PART 5는 '원소를 알면 화학에 강해진다'입니다. 화학은 '분자의 과학' 또는 '전자의 과학'이라고 일컫습니다. 분자와 전자는 우리 앞에 '원소'라는 형태로 나타나지요. 때문에 화학에 강해지는 지름길 중 하나는 원소의 성질과 반응성을 명확히 이해하는 것에서 시작됩니다.

이 책은 여러분이 배웠던 고등학교 화학 교과서와는 매우 다릅니다. 하지만 그 점이 바로 장점이자 가장 큰 매력이 아닐까 싶습니다. 이 책을 통해 화학이 우리 생활에 얼마나 깊숙이 들어와 있는지, 어떤 영향을 끼치며 도움을 주고 있는지 실감하리라 자신합니다.

끝으로 이 책이 출판되기까지 애써주신 지쓰무쿄이쿠출판의 사토 긴페이 씨, 편집공방 시라쿠사의 하타나카 다카시 씨께 감사드립니다.

2015년 6월

사이토 가쓰히로

차례

들어가며 당신의 가슴을 두근거리게 할 화학의 세계로 초대합니다 ···› 005

PART 0 왜 법칙을 배우면 '화학'이 보일까?

PART 1 우리의 일상에 숨어 있는 화학

01 70억 명을 먹여 살리는 힘 '하버-보슈법' ···› 021
02 평형상태의 대표선수 '르 샤틀리에의 원리' ···› 026
03 '초전도'가 고속열차를 움직인다! ···› 030
04 쇼핑봉투의 메커니즘, '공유결합' ···› 034
05 '증기압과 끓는점 상승' _된장국물에 입은 화상이 더 무섭다? ···› 039
06 '몰'을 알면 가스 누출에도 당황하지 않는다 ···› 043
07 '헨리의 법칙' _콜라 뚜껑을 열면 왜 기포가 나올까? ···› 048
칼럼 | 힌덴부르크 호와 수소가스 ···› 052

PART 2 우리의 기술을 키운 화학

01 태양의 빛을 전기로 바꾸는 '광전효과' ···› 057
02 '물질의 세 가지 상태' _물은 왜 위에서 아래로 흐르는 걸까? ···› 062
03 '비결정과 액정' _LCD TV의 요체 ···› 067
04 LED와 OLED가 빛나는 '자기발광의 원리' ···› 072
05 일본 검 제작에 활용되는 '산화·환원' ···› 077
06 '이온화 경향'으로 레몬이 전지가 되다 ···› 081
07 아폴로 13호에도 응용된 '전기분해' ···› 087
08 화학반응의 가속장치 '촉매' ···› 092
칼럼 | 염기와 알칼리는 같은 뜻? ···› 096

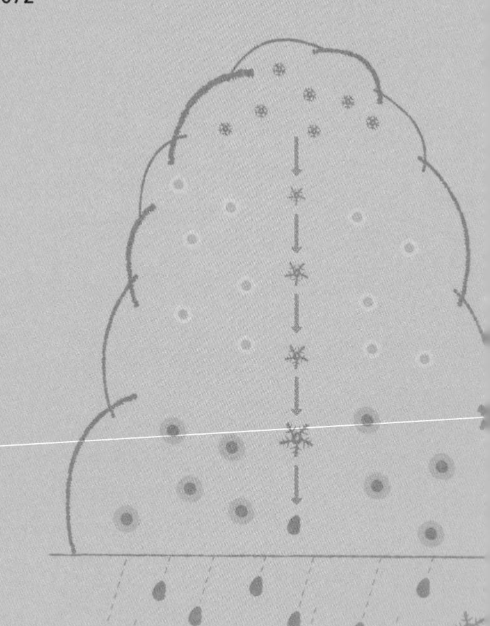

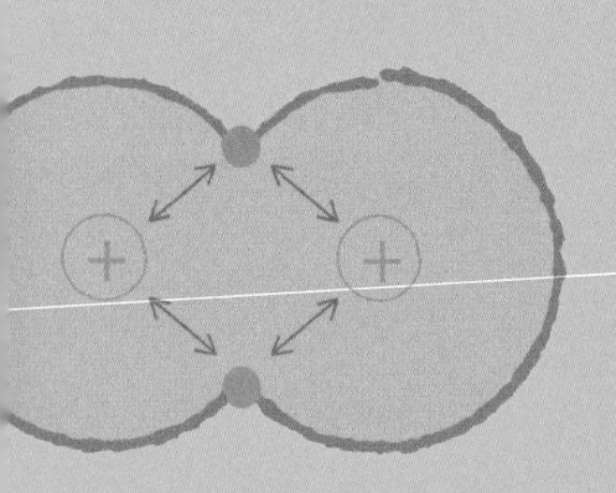

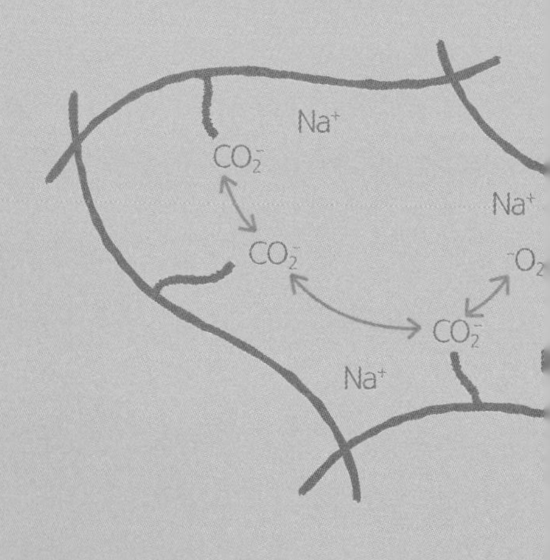

PART 3 화학으로 알아보는 자연현상

01 ‘농도’ _1ℓ+1ℓ가 꼭 2ℓ는 아니라고? ···→ 099
02 ‘산성·염기성’ _pH값 몇부터 산성비인 걸까? ···→ 104
03 구름과 비를 발생시키는 ‘과포화 상태’ ···→ 108
04 천연가스 운반에 효과적인 ‘보일-샤를의 법칙’ ···→ 113
05 ‘이상기체와 실제기체’ _보일-샤를의 법칙(번외편) ···→ 117
06 ‘아보가드로의 법칙’ _바다에 버린 물 한 잔, 1억 년 후엔? ···→ 120
칼럼 | 연대측정은 화학의 힘 ···→ 124

PART 4 화학이 우리를 살렸다 _의료·생명·환경

01 ‘밀러의 실험’ _생명은 무기물에서 생겨난다? ···→ 129
02 ‘삼투압’ _물고기가 바다에서 살 수 있는 이유 ···→ 133
03 인공투석을 가능케 하는 ‘반투막’ ···→ 138
04 우리의 신체를 구성하는 ‘천연 고분자’ ···→ 142
05 사막 녹지화에 이용하는 ‘기능성 고분자’ ···→ 145
06 ‘분자 간 힘’이 생명을 만든다 ···→ 149
07 체내 화학공장을 제어하는 ‘효소’ ···→ 154
칼럼 | ‘선조들의 지혜’는 화학의 지혜 ···→ 158

PART 5 원소를 알면 화학에 강해진다

01 ‘주기율’로 알아보는 원소의 성질 ···→ 161
02 악마의 얼굴을 가진 ‘식물의 3대 영양소’ ···→ 166
03 미와 재능을 겸비한 ‘백금족’ ···→ 170
04 ‘가볍다+강하다’로 시대의 총아가 된 ‘경금속’ ···→ 174
05 오늘날 귀한 전략원소가 된 ‘레어메탈’ ···→ 177
칼럼 | 러일전쟁 승리의 비밀, 피크르산 ···→ 182

PART 0

왜 법칙을 배우면 '화학'이 보일까?

화학의 법칙이란

화학의 법칙과 원리를 이야기할 때 흔히 언급되는 것으로 '돌턴의 법칙'이나 '르 샤틀리에의 원리' 등이 있습니다. 이들 법칙의 공통점은 법칙명이 인명에서 유래했다는 점입니다. 한편 '질량보존의 법칙'처럼 자연현상에서 이름을 따온 것도 있습니다. 이름을 붙이는 방식에 따라 어느 한 쪽이 더 중요하고 덜 중요한지를 판단할 수는 없습니다. 양쪽 모두 물질의 상태와 특징을 자세히 관찰하여 자연현상의 본질을 파악한 법칙과 원리입니다.

화학은 기본적으로 '물질'을 다룹니다. 당연히 물질의 범주는 지구뿐 아니라 우주에 존재하는 것까지 포함됩니다. 지금으로부터 138억 년 전, '빅뱅'이라는 대폭발 이후 우주는 빛보다 빠른 속도로 급팽창이 일어났습니다. 이로 인해 만들어진 물질 또한 머나먼 곳까지 확산되었습니다.

실제 우리가 감지할 수 있는 물질은 전체의 5% 이하라고 합니다. 70%는 암흑에너지, 25%는 암흑물질이라 불리는 '관찰 불가능한 어떤 것'입니다. 전체의 5%가 채 되지 않는 관찰이 가능한 물질은 겨우 90종의 원자로 구성되어 있습니다. 더군다나 원자는 저마다 크기나 무게와 같은, 손에 꼽힐 정도로 적은 수의 성질로 구분할 수 있습니다.

여기서 물질의 특징(물성)과 반응은 비교적 단순한 상호작용으로 생각할 수 있습니다. 이 상호작용을 설명하는 것이 바로 '법칙'입니다. 어느 물질이 어떤 특징을 지니고 있고 어떤 반응을 일으키는지 혹은 일으키지 않는지 등은 법칙과 원리를 알면 저절로 이해가 됩니다. 그래서 '법칙과 원리를 공부하면 화학이 보이는' 것이지요.

▲ 모든 것은 '궁금증'에서 시작되었다

인류는 태초부터 자연현상에 깊은 관심을 보였습니다.

'태양은 왜 빛이 나고, 왜 매일 뜨고 지는 걸까? 돌은 무엇으로 만들어진 걸까? 생물은 무엇으로 이루어져 있는 걸까? 사람은 왜 태어나고 왜 죽는 걸까?'

다른 말로 하면 '궁금증'이라고도 할 수 있겠지요. 태양이 왜 매일매일 뜨는지 궁금하고, 식물이 왜 싹을 틔우고 꽃을 피우는지 궁금하고, 사람이 왜 태어나고 죽는지 궁금하고……. 이것은 모두 자연현상입니다. 어떤 사람들은 심오한 자연현상 속에서 '신'을 느끼고 이를 앞세워 종교를 만들었습니다. 자연현상을 관통하는 '법칙'을 어렴풋이 알아차린 사람들도 있었지만, 대부분은 원리나 법칙 대신 신의 의지를 강조하는 종교로서 이를 믿고 의지했습니다.

그러나 시간이 흘러 자연현상을 연구하고 해석하는 작업이 종교와 점점 멀어지면서 이윽고 하나의 분야로 독립하게 됩니다.

▲ 연금술이 '법칙'을 드러내다!

자연현상 탐구가 종교의 색채에서 벗어날 무렵, 이에 관한 연구로 가장 널리 사람들에게 알려진 것이 사원소론입니다. 만물은 흙, 물, 바람(공기), 불의 네 가지 원소로 이루어져 있다는 설이지요.

흙 : 고체이자 무게를 가진 원소로, 모든 원소의 중심에 위치한다. 물질을 딱딱하고 안정적으로 만들어준다.

물 : 유동성이 있고 비교적 무거운 원소다. 물질을 부드럽게 만들어 취급하기 쉽게 해준다.

바람 : 휘발성이 있고 비교적 가벼운 원소다. 물질을 가볍게 만들어 상승할 수 있게 한다.

불 : 섬세하고 희박한 원소로, 모든 원소보다 상위에 위치한다. 물질에 밝고 가벼운 성질을 부여한다.

중세로 접어든 유럽에서는 연금술이 크게 발달했습니다. 연금술은 그다지 가치 없는 물질을 금(金)으로 바꾸는 기술로, 당시에는 나름의 설득력을 지니고 있었습니다. 사원소론을 실험적으로 발전시킨 것이 바로 이 연금술인 셈이죠.

만약 정말로 '모든 것은 네 가지 원소로 이루어져 있고 단지 그 배합 비율이 다를 뿐'이라고 한다면, 금과 백금은 물론이거니와 무엇이든 만들 수 있으니 매우 획기적인 이론이지요.

그래서 중세의 연금술사들, 지금으로 따지자면 화학자의 선조라 할 수 있는 그들은 금과 비슷한 물질을 혼합하고 분리함으로써 금과 동일한 배합의 물질을 만들고자 했던 것입니다.

현실적으로 그들은 금을 만들어낼 수는 없었지만, 생각하기에 따라서는 가장 가치 있는 일을 했다고도 말할 수 있습니다. 왜냐하면 그들은 현대 과학의 기초를 이루는 '실험으로 확인한다'는 기준을 만들어낸 셈이며, 이후 과학자들은 그 기준에 따라 자연현상을 '법칙'으로 밝혀내는 방식으로 연구를 시작했기 때문입니다.

연금술사들이 고안한 '실험'이라는 방법을 이용하여 '자연이 품고 있는 신비(법칙)'를 드러낸 이 사건은 훗날 현대 화학의 기초를 확립하는 데 큰 공헌을 했습니다.

역시 화학 덕분에 살고 있다

과학은 어느 분야든 법칙과 원리로 성립되어 있습니다. 그것은 화학도 마찬가지인데, 특히나 화학은 이 법칙과 원리가 우리의 일상생활 속에 '살아 있다'는 특징을 보입니다. '살아 있다'는 것은 법칙과 원리에 따라 분자가 만들어지고, 움직이고, 반응하고, 나아가 새로운 분자가 탄생하고, 그것이 우리의 신체를 만들고, 생활을 편리하고 풍요롭게 만들어준다는 뜻입니다.

'법칙'이라고 하면 우리는 대개 교과서에 쓰여 있는 것, 실생활과 동떨어진 것이라고 생각합니다. 하지만 결코 그렇지 않습니다. 이러한 법칙과 원리는 실제로도 일상생활에 널리 이용되고 있습니다. 예를 들어, 집을 지을 때는 주로 목재, 철재, 콘크리트를 쓰지요. 이 모든 건축 재료는 화학의 영역에 속하고 화학적 연구지식을 통해 진화하고 발전해왔습니다.

또한 우리가 살아가는 데 있어 필수 식재료를 이야기할 때는 당연히 농업과 어업을 주제로 다룹니다. 하지만 자연농업(유기농업)만으로 지구상의 70억 인구를 먹여 살릴 수 없습니다. 현재 이 인구가 어떻게든 살아가고 있는 이유는 화학비료와 농약 덕분이라고 말해도 과언이 아닙니다.

다치거나 병에 걸렸을 때 통증과 괴로움에서 벗어나게 해주는 것 역시 신을 향한 기도나 주문이 아닙니다. 공장에서 만든 의약품입니다. 의약품은 화학의 연구 결과물 그 자체입니다.

산업혁명 이후, 원료를 공급하는 1차 산업이 모든 산업의 근간이 되는 시대는 지났습니다. 이제는 원료를 가공하여 부가가치를 더하는 산업이 중요해졌습니다. '원료'라는 물질을 변화시켜 더욱 가치 높은 '제품'으로 변모시키는 기술을 자유자재로 제어하는 것은 화학의 힘이 아니고서는 불가능합니다.

게다가 '산업의 비타민'으로 불리는 레어메탈(rare metal, 희소금속)과 레어어스(rare earth, 희토류)는 현재 고성능 자석(모터), LED TV와 OLED 패널, 태양전지 투명전극, 초강인·초경량 철판을 비롯해 발광체, 레이저 발진장치 등 기업들의 최첨단 제품제조에 기여하며 생활의 질 향상에 공헌하고 있습니다. 그러니 "역시 화학 덕분에 살고 있구나!" 하고 말할 수 있겠지요.

자, 그럼 지금부터 화학의 세계를 가장 간단하게 정리한 '법칙과 원리'를 시작으로 화학을 깊숙이 들여다보고 공부해봅시다!

PART 1

우리의 일상에
숨어 있는 화학

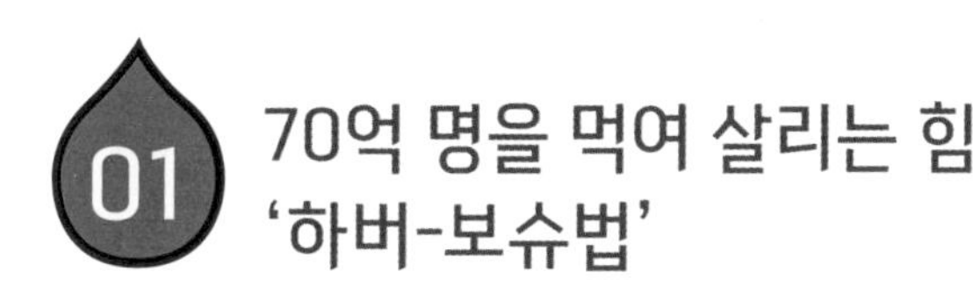

01 70억 명을 먹여 살리는 힘 '하버-보슈법'

하버-보슈법(Haber-Bosch Process)

수소와 질소로 대량의 암모니아를 합성하는 방법으로, 적은 비용으로 화학비료를 만드는 데 이용된다.

지구상에 사는 70억 명의 인류가 생활하는 데 있어 절대적으로 없어서는 안 되는 것이 바로 식량입니다. 그러나 본래 지구에는 70억 명을 먹여 살릴 힘이 없습니다. 그런 지구를 돕는 과학이 바로 화학입니다.

동물은 식물이 만든 '당'을 섭취하며 살고 있다

지구상에는 다양한 종류의 식물이 있습니다. 그런데 예부터 많은 민족들은 곡물, 즉 식물의 씨앗을 주식으로 삼고 있습니다.

식물의 클로로필(엽록소)은 태양광에너지를 이용하여 물과 이산화탄소를 원료로 삼아 당분과 전분을 만들어냅니다. 초식동물은 식물을 섭취해 영양분과 에너지를 확보하고, 육식동물은 그 초식동물을 섭취해 영양분과 에너지를 확보합니다. 그러므로 **모든 동물은 식물이 만든 당(糖)을**

섭취하며 살고 있는 셈입니다. 그러니 식물의 당분은 '태양광에너지 통조림'이라고 부를 만합니다.

식물이 잘 자라려면 물과 이산화탄소만으로는 부족합니다. 그래서 **비료**가 쓰입니다. 식물에 필요한 3대 영양소는 **질소·인·칼륨**으로, 이 가운데 질소는 줄기와 잎, 인은 꽃과 열매, 칼륨은 뿌리의 성장을 돕는다고 알려져 있습니다.

인류를 구한 1906년의 기적

식물체, 특히 줄기와 잎 등이 자라려면 질소비료가 필요합니다. 질소는 공기 중에 약 80%를 차지하므로 그 양이 거의 무한대라고 봐도 무방할 정도입니다. 그러나 콩과(科) 식물처럼 뿌리혹박테리아를 가진 종을 제외하면 식물은 공기 중의 질소 분자를 그대로 질소비료 형태로 흡수할 수는 없습니다. 식물이 질소 분자를 영양소로 이용하려면 다른 분자로 바꿔줘야 합니다. 이 방법을 **'질소 고정법'**이라고 부릅니다.

독일의 두 과학자, 프리츠 하버와 카를 보슈는 1906년에 이 질소 고정을 인공적으로 실시하는 방법을 개발했습니다. 촉매를 사용하여 질소와 수소를 400~600℃, 200~1,000기압의 고온·고압 환경에서 반응시켜 암모니아를 만드는 것이지요. 이 방법을 개발한 두 사람의 이름을 따서 **'하버-보슈법'**이라고 부르는데, 화학식으로 쓰면 다음과 같습니다.

$$N_2 + 3H_2 \rightleftarrows 2NH_3 + \text{발열}$$

(질소) (수소) (암모니아)

반응이 진행되면 암모니아가 생겨나는 동시에 열도 발생합니다. 이렇게 반응과 함께 열(에너지)을 방출하는 반응을 화학적으로는 '**발열반응**'이라고 합니다. 석탄이 타는 연소반응은 발열반응의 전형적인 예입니다.

반응과 동시에 에너지가 발생하는 현상은, 예컨대 사람이 높은 지붕 위에서 떨어졌을 때 뼈가 부러지는 상황과 비슷합니다. 뼈가 부러지는 이유는 위치에너지(퍼텐셜에너지)가 높은 지붕에서 위치에너지가 낮은 지면으로 떨어지는 동안 그 차이인 ⊿E만큼 운동에너지로 방출되어 신체에 압력을 가하기 때문입니다.

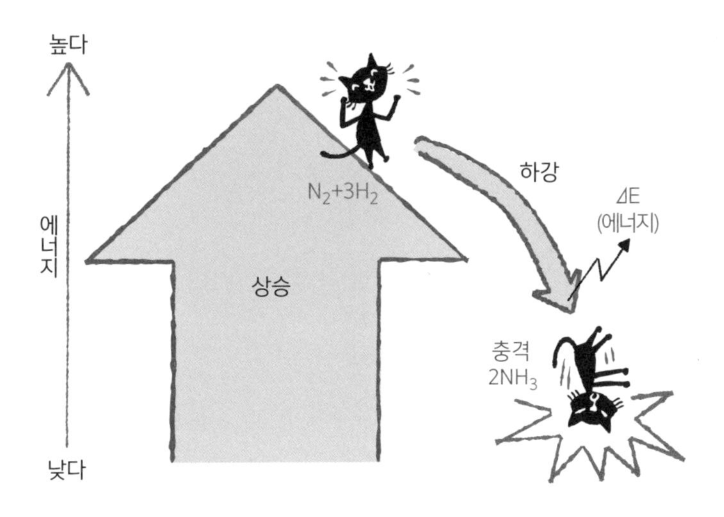

이를 하버-보슈법에 적용하자면, 처음 원료인 '질소+수소'는 에너지가 크고, 반응으로 생겨난 암모니아는 에너지가 작다고 할 수 있습니다. 반응이 진행됨에 따라 에너지가 큰 물질에서 작은 물질로 변화했기 때문에 그 에너지 차이가 '**열**'로 방출되었습니다.

비슷한 사례로는 휴대용 쿨팩이 있습니다. 휴대용 쿨팩은 반응이 일어나면 주위로부터 열을 빼앗아 차가워집니다. 이것을 발열반응과는 반대로 '**흡열반응**'이라고 합니다. 반응이 진행될 때 주위로부터 에너지(열)를 빼앗은 결과 주위를 차갑게 만들지요. 이렇게 반응과 함께 들어왔다 나갔다 하는 에너지를 반응엔탈피라고 부릅니다.

화학비료의 탄생

하버-보슈법으로 만들어진 암모니아는 이후 산화하여 '질산(초산)'이 됩니다. 질산은 암모니아와 반응하여 '질산암모늄(초안)'이 되거나 칼륨과 반응하여 '질산칼륨(초석)'이 됩니다. 바로 이 물질이 **화학비료**입니다.

만약 화학비료가 없었다면 70억 인류의 식량을 확보하는 일은 아무리 생각해도 불가능했을 겁니다. 하버-보슈법이야말로 인간을 굶주림에서 구제한 은인이라고 할 만합니다.

하버는 1918년 철을 촉매로 암모니아를 합성하는 법을 개발하여 노벨상을 수상했습니다. 보슈도 1931년 고압 화학기술의 개발로 노벨상을 수상했지요.

그러나 두 사람은 히틀러와 의견 충돌로 대립한 뒤로는 술에 의지하여 노년을 보내는 등 삶이 행복하지만은 않았던 듯합니다. 두 사람의 업적이 인류에게 매우 큰 영향을 미친 것만큼은 사실이지만 말입니다.

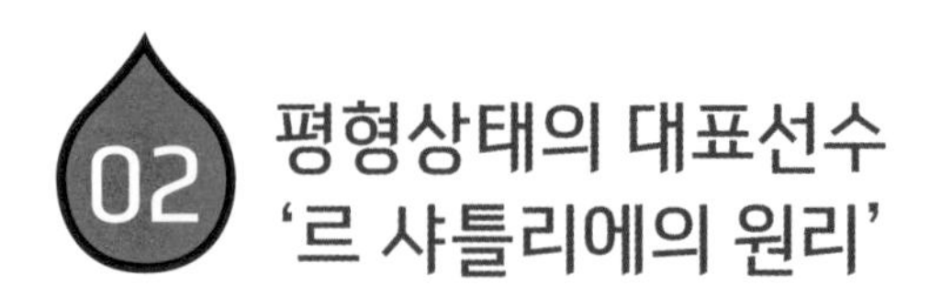

02 평형상태의 대표선수 '르 샤틀리에의 원리'

르 샤틀리에의 원리(Le Chatelier's principle)

평형상태에서는 반응조건을 변화시키면 그 변화를 없애는 방향으로 반응이 진행된다.

반응이 진행되고 있어도 눈에 보이는 변화가 없는 상태를 **평형상태**라고 합니다. 앞에서 살펴본 하버-보슈법을 통한 암모니아 합성은 이렇게 평형상태에서 이루어지는 반응입니다. 평형상태의 반응에는 원하는 생성물을 다량으로 얻기 위한 비밀이 숨겨져 있습니다.

변화가 있어도 보이지 않는 상태

다시 한 번 하버-보슈법의 반응식을 보겠습니다.

$$N_2 + 3H_2 \rightleftarrows 2NH_3 + \text{발열}$$

식의 양변을 연결하는 화살표의 방향($\rightleftarrows$)을 눈여겨봅시다. 화살표 두

개 중 하나는 오른쪽을 향해, 다른 하나는 왼쪽을 향해 그려져 있습니다. 이것은 반응이 오른쪽 방향으로도, 왼쪽 방향으로도 진행된다는 의미입니다. 말하자면 '질소와 수소에서 암모니아가 생겨났지만' 동시에 '암모니아에서 수소와 질소가 생겨나는(원래대로 돌아가는)' 반응도 일어난다는 뜻이지요. 이처럼 양쪽 방향으로 자유롭게 진행되는 반응을 **'가역반응'**이라고 합니다.

가역반응은 시간이 지나면 어떻게 변화할까요? 우선 좌변의 질소와 수소가 반응하여 우변의 암모니아가 됩니다(오른쪽으로 가는 반응). 암모니아의 농도가 상승하면 마침내 암모니아가 분해되어 원래의 질소와 산소로 돌아갑니다(왼쪽으로 가는 반응). 다시 질소와 수소의 농도를 올리면 암모니아가 되고……. 이러한 시소게임의 결과 각각의 농도가 겉보기로는 '변화 없음'의 상태가 됩니다. 이것이 '평형상태'입니다. 움직임이 없는 것이 아니라 어디까지나 '움직임이 없는 듯 보인다'는 것이 포인트입니다.

평형상태는 화학변화뿐 아니라 일상생활에서도 흔히 볼 수 있습니다. 예컨대, 일본의 인구는 약 1억 2000만 명인데, 이 인구 구성에는 큰 변화가 없는 듯 보이지만 그렇지 않습니다. 매일매일 많은 사람들이 죽는 동시에 또 그만큼 많은 수의 아기들이 태어나고 있습니다. 죽은 사람과 태어난 아기의 수가 거의 비슷해서 전체적인 변동을 알기 힘들 뿐입니다.

▲ '꼬인 사람', 르 샤틀리에의 원리

평형상태의 대표선수가 바로 **'르 샤틀리에의 원리'**입니다. 이 원리는 '온도, 압력 등의 반응조건을 변경하면 그 변화를 없애는 방향으로 반응한다'는, 어찌 보면 조금 꼬여 있는 원리입니다.

하버-보슈법에도 이 원리를 적용할 수 있습니다. 하버-보슈 반응에 열을 가해보면 반응은 열을 없애는 방향으로 움직입니다. 하버-보슈법은 오른쪽으로 진행되면 열이 발생하지만, 왼쪽으로 진행되면 반대로 열이 사라집니다. 다시 말해, '르 샤틀리에의 원리'라는 심술꾸러기를 같은 이 반응은 열이 사라지는 방향, 즉 왼쪽으로 진행되는 반응을 말합니다. 애써 만든 암모니아를 분해하여 질소와 수소로 다시 돌아가게 하는 것이지요. 때문에 암모니아를 부지런히 만들고 싶다면 가열해서는 안 됩니다.

한편 반응용기에 기체를 다량으로 넣고 압력을 높이면 반응은 압력을 낮추는 방향으로 변화합니다. 요컨대 기체의 분자 수를 줄이려는 것이지요. 그러려면 반응은 오른쪽 방향으로 진행되어야 합니다. 기체의 분자 수는 좌변의 4개(질소 1개+수소 3개)에서 우변의 2개(암모니아)로 감소합니다. 즉, 암모니아를 만들기 위해서는 고압으로 반응시켜야 한다는 이야기가 됩니다.

▲ 양이냐, 효율이냐

요약하자면 하버-보슈법에 따라 암모니아를 다량으로 만들기 위해서는 고압, 저온으로 반응시키면 된다는 뜻이 되겠지요.

그런데 앞서 온도와 압력을 '400~600℃, 200~1,000기압'이라고 말씀드렸듯이 하버-보슈법은 고온과 고압에서 적용시키는 것이 보통입니다.

이것이 화학의 복잡성인 동시에 묘미입니다. 저온 대신 고온을 택하는 이유는 바로 반응속도와 관련이 있습니다.

온도를 낮추면 반응속도가 떨어집니다. 일반적으로 반응온도가 10℃ 떨어지면 반응속도는 두 배 느려진다고 합니다. 20℃ 온실에서 10시간 걸리는 반응이라면 10℃에서는 20시간, 0℃에서는 40시간이나 걸린다는 계산이 나옵니다.

만약 효율을 우선시하여 하버-보슈 반응을 저온, 예컨대 0℃에서 진행하면 르 샤틀리에의 원리에 따라 최종적으로 암모니아를 다량 얻을 수 있습니다. 하지만 그만큼의 양을 얻기까지 매우 오랜 시간이 걸리기 때문에 아무리 기다려도 제품이 완성되기 힘들 것입니다.

이러한 이유로 최종 수량보다 시간당 수량이 높은 쪽을 선택하는 타협을 했고, 그 결과 하버-보슈법에서는 고온을 이용하게 되었습니다.

'초전도'가 고속열차를 움직인다!

초전도

특정 물질(금속, 화합물 등)을 매우 낮은 일정한 온도까지 냉각했을 때, 전기저항이 급격히 0이 되는 현상을 말한다.

학창시절 전류에 대해 배울 때 뭔가 이상하다고 생각한 적은 없었나요? 전류는 전자의 흐름을 말하는데, 전자가 'A→B'로 흐를 때 이와 반대로 전류는 'B→A'로 흐른다고 배웠을 것입니다. 무의식중에 '왜?'라는 질문이 떠오를 법한 이 설명은 전기의 흐름을 잘 모르던 시절이 남긴 흔적입니다.

과거 과학자들은 '전류는 플러스(+)에서 마이너스(−)로 흐른다'라고 정하기로 했습니다. 그런데 나중에 보니 전류는 전자의 흐름이기 때문에 '마이너스에서 플러스로 흐른다'는 사실을 알게 되었지요. 그 후 앞뒤를 맞추기 위해 하는 수 없이 '전류와 전자의 흐름은 반대'라고 가르치고 있는 것입니다.

금속은 이렇게 복잡한 설명을 필요로 하는 전류가 잘 흐르는 재료입니다. 금속에 전류가 잘 흐르는 이유에는 '금속결합'이라는 결합 방식이 그 비밀의 열쇠를 쥐고 있습니다.

자유롭게 마음껏 방랑하는 '자유전자'

금속결합의 특징은 **'자유전자'**라 불리는 특수한 전자가 존재한다는 사실에서 시작됩니다. 금속원자는 결합 시에 전자의 일부를 방출하여 플러스를 띠는 금속이온이 됩니다. 방출된 전자는 그전까지 속해 있던 금속원자의 원자핵의 결박에서 벗어나 자유롭게 마음껏 다른 원자에게 놀러 갔다가 헤어지기를 반복하며 방랑합니다. 이러한 점 때문에 자유전자라는 이름이 붙여졌고, 금속이 전기를 잘 통하게 하는 것도 이 자유전자가 원인입니다.

한편, **'금속이온'**은 자유전자의 이동을 방해하는 요소가 되는 경우도 있습니다. 금속이온이 계속 멈춰 있다면 문제가 없지만 진동하며 움직이기 시작하면 전자는 이동하기가 어려워집니다. 즉, 전기가 흐르기 어렵게 되는 것이지요.

초등학교 교실에서 선생님이 책상 사이를 지나갈 때를 떠올려볼까요? 아이들이 얌전히 있으면 선생님이 자유롭게 지나다닐 수 있지만 손과 발을 내밀며 소란스럽게 방해를 하면 선생님은 지나갈 수가 없습니다. 자유전자의 이동도 마찬가지입니다.

금속이온의 진동운동 강도는 절대온도에 비례합니다. 즉, 금속은 온도가 높을수록 전기가 흐르기 어렵고 반대로 온도가 낮을수록 흐르기 쉽습니다.

갑자기 저항이 0이 되는 온도

아래 그래프를 보면 온도가 낮아질수록 '전기가 잘 흐른다(전도도가 높다)'는 것을 알 수 있습니다. 그리고 특정한 온도, 즉 임계온도에 도달하면 전도도가 갑자기 무한대가 됩니다. 전기저항이 0이 된다는 뜻이지요. 이것이 **'초전도 상태'**입니다.

초전도 상태에서는 발열 없이 코일을 통해 전류를 대량으로 내보낼 수 있기 때문에 매우 강력한 전자석을 만들 수 있게 됩니다. 이것이 **'초전도 자석'**입니다. 예컨대 일본의 '리니어 신칸센'은 바퀴와 레일 사이의 마찰을 피하기 위해 차체를 공중에 띄운 채 달립니다. 이 바퀴를 띄우는 힘, 바퀴를 앞으로 추진시키는 힘은 초전도 자석의 강력한 반발력·흡인력에서 비롯됩니다.

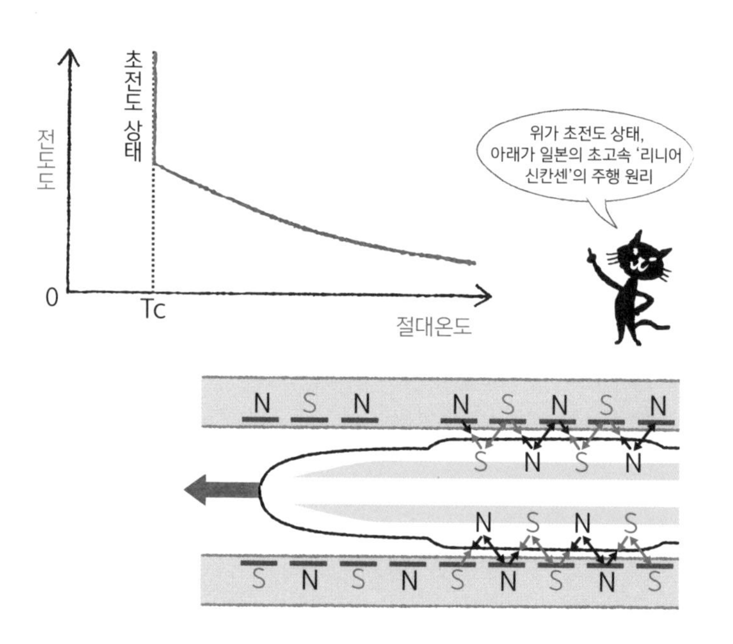

또한 X-레이에서는 두개골로 둘러싸인 뇌를 볼 수 없지만, MRI는 자력선을 이용하여 볼 수가 있습니다. 역시 초전도 자석이 없다면 불가능한 기술입니다.

이렇게 유익한 초전도의 문제점은 낮은 임계온도입니다. 초저온까지 내려가지 않으면 초전도 상태가 될 수 없습니다. 대개 10K(kelvin, 켈빈 : 절대온도의 단위) 이하, 즉 영하 263℃ 이하에서만 가능합니다. 그런데 이러한 극저온을 실현하려면 끓는점이 4K인 액체헬륨이 필수입니다. 액체헬륨은 현재 미국이 판매를 독점하고 있는 가운데 카타르와 알제리가 공급국으로 출사표를 냈지만 계속해서 수급이 우려되는 실정입니다.

헬륨이 필요 없는 초전도 물질은 어디에

이런 액체헬륨의 수급 문제 때문에 이를 대신하고자 액체질소의 온도(77K, 영하 196℃)에서 초전도 상태가 되는 물질인 '고온 초전도체'의 개발이 적극 진행되고 있습니다. 사실 이 같은 소재는 이미 여러 종류가 개발되어 있는데, 그중 가장 높은 온도를 이용하는 것은 임계온도 165K(영하 108℃)를 자랑합니다. 다만, 이들 소재는 모두 금속산화물의 소결체라고 불리는 물질로, 안타깝게도 코일로 성형할 수가 없습니다. 전자석의 재료가 되지 못한다는 뜻이지요.

하지만 최근에는 철 합금을 활용한 고온 초전도체 연구도 이루어지고 있습니다. 가까운 미래에 액체질소 온도에서 초전도를 실현할 수 있게 되면 활용 분야도 크게 늘어날 것입니다.

04 쇼핑봉투의 메커니즘, '공유결합'

공유결합

결합하는 원자 2개가 각각 1개씩 내놓은 전자를 공유하며 이루어지는 결합. 원자별로 결합의 수와 결합 각도가 정해져 있다.

'고분자'라는 이름은 들어본 적이 없더라도 '폴리○○'라고 하면 낯설지 않을 겁니다.

고분자를 영어로는 폴리머(polymer)라고 표기하는데, 접두어 '폴리(poly)'는 '많다', '머(mer)'는 '기본 단위'를 뜻합니다. 다시 말해, 고분자는 어떠한 저분자 기본 단위가 겹겹이 무수히 겹쳐져 결합한 물질의 구조를 일컫는 단어입니다.

접착테이프나 노끈은 폴리프로필렌, 슈퍼마켓에서 주는 쇼핑봉투는 폴리에틸렌 등을 소재로 제작하는데, 일반적으로 통칭해서 '플라스틱'이라고 부르지만 사실 모두 고분자를 뜻합니다.

고분자에는 인공적인 물질만 있는 것은 아닙니다. 전분, 단백질을 비롯해 DNA도 고분자입니다. 인간의 중요한 에너지원에서부터 우리 몸을 구성하는 물질들도 고분자라는 '구조'로 되어 있습니다.

▲ 길~게, 반복적으로 연결되어 있는 '폴리○○'

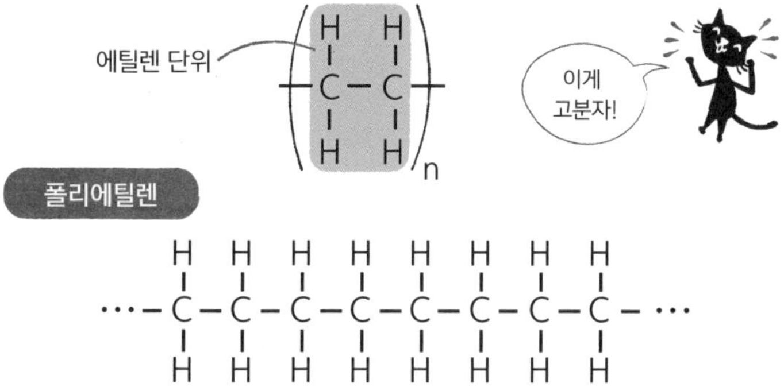

에틸렌 단위

```
 ( H   H )
 ( |   | )
-( C - C )-
 ( |   | )
 ( H   H )n
```

이게 고분자!

폴리에틸렌

```
    H   H   H   H   H   H   H   H
    |   |   |   |   |   |   |   |
…-  C - C - C - C - C - C - C - C - …
    |   |   |   |   |   |   |   |
    H   H   H   H   H   H   H   H
```

고분자란, 위의 그림과 같은 형태를 가지고 있습니다. 이것은 폴리에틸렌이라는 고분자의 구조입니다. 괄호 안에는 탄소인 C 2개와 수소인 H 4개가 선으로 연결되어 있지요. 잘 보면 수소 H는 1개, 탄소 C는 4개의 선으로 결합되어 있습니다. 이것을 '에틸렌 단위'라고 부릅니다.

에틸렌 단위만 보면 **'저분자**(분자량이 작다)'라고 말해야 하지만 괄호 밖의 'n'이 심상치 않지요. 이것은 '괄호 안의 물질을 n번 반복한다(실제로는 수백에서 수천 번 이상)'는 뜻으로, 이 숫자에 따라 **'고분자**(분자량이 크다)'가 되는 것입니다.

예컨대, 폴리에틸렌은 '에틸렌 단위가 다수 반복되어 있는' 물질, 폴리스타이렌은 '스타이렌 단위가 다수 반복되어 있는' 물질이라는 의미입니다. **'공유결합'**이라 부르는 이런 형태의 결합을 통해 생물, 공업제품 등의 유기화합물이 생성된다고 알려져 있습니다.

공유결합에는 단일결합, 이중결합, 삼중결합 등 다양한 종류가 있는데, 이것은 C는 원자가가 4, H는 원자가가 1인 것처럼 원자마다 원자가가 다르기 때문입니다.

▲ 사이 나쁜 부부가 왜 헤어지지 못하나?

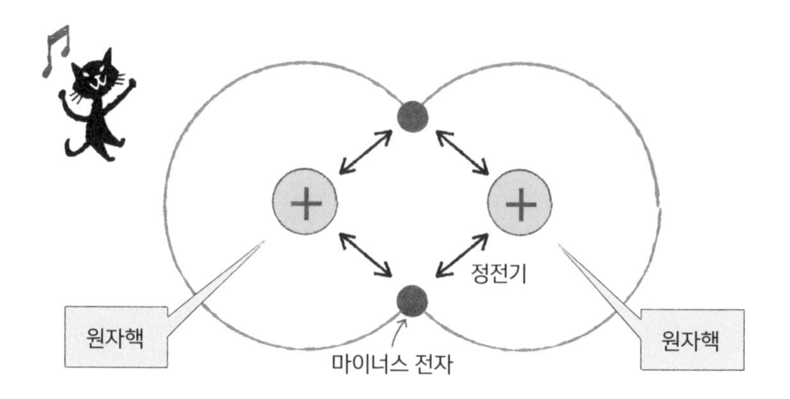

우리 몸을 구성하고 있는 고분자를 형성하는 공유결합에 대해 조금 더 살펴봅시다. 수소 원자는 가장 단순한 원자로, 단 1개의 원자핵과 단 1개의 전자로 되어 있습니다. 당연히 원자핵은 플러스로, 전자는 마이너스로 하전되어 있습니다. 위의 그림은 수소 분자의 결합을 나타낸 것입니다.

플러스로 하전된 원자핵 간의 강한 반발이 있기 때문에, 수소의 원자핵 2개가 붙어 분자를 만든다는 것은 애초에 있을 수 없는 일입니다. 그런데 고분자에서는 그런 일이 실제로 일어난 것입니다.

그 비밀은 전자 2개가 수소 원자핵 2개의 중간 영역에 존재하고 있기 때문입니다. 그 결과, 플러스로 하전된 전자핵과 마이너스로 하전된 전자구름 사이에 '정전기적 인력'이 발생합니다.

이 관계는 사이 나쁜 부부(원자핵 2개)가 아이 둘(전자 2개) 때문에 이혼하지 못하는 상황과 비슷합니다. 부부는 두 아이를 매개로 결합되어 있는 셈이지요.

이것이 수소 원자핵 2개가 붙어 있는 이유입니다. 이 구조가 공유결합을 이루는 결합력의 원천이며, 원자핵은 전자구름을 핑계로 결합되어 있는 것과 마찬가지입니다.

원자의 악수로 결합방식을 알 수 있다

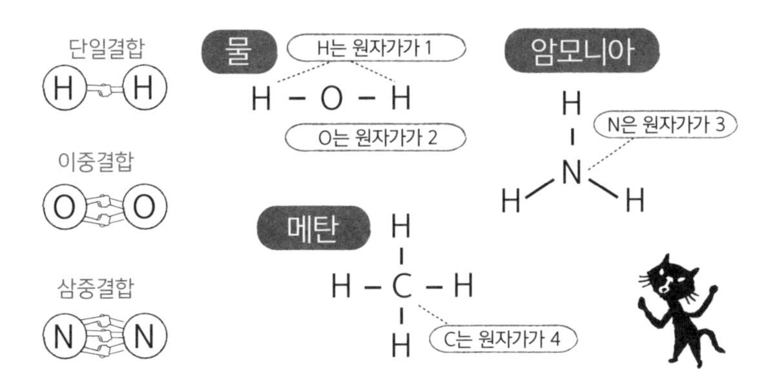

그림을 보면서 공유결합을 원자 간의 악수라고 상상해보면 어떨까요? 원소끼리 연결한 선, 즉 악수하는 손을 화학에서는 **'원자가'**라고 부릅니다. 사람들은 대개 한쪽 손을 내밀어 악수하지만, 그간 쌓인 정이 두터울 때는 양손을 내밀어 이중으로 악수하기도 합니다.

원자의 악수도 비슷합니다. 다만 다른 점은 원자에 따라 '원자가'가 다르다는 것입니다. 수소는 원자가가 1이기 때문에 악수를 한 손으로밖에

할 수 없습니다. 산소는 원자가가 2이기 때문에 2개의 손으로 같은 상대의 손을 꽉 잡거나 각기 다른 원자 2개와 동시에 악수를 할 수도 있습니다. 손이 2개인 산소와 1개인 수소가 결합할 때는 수소 2개(H_2), 산소 1개(O)로 묶일 수밖에 없지요. 이것이 물(H_2O)입니다.

질소(N)는 원자가가 3입니다. 하버-보슈법으로 만들어지는 암모니아(NH_3)는 질소의 손이 3개, 수소는 1개라서 그렇게 결합됩니다. 질소 원자를 가운데에 두고 3개의 수소를 결합시키는 셈입니다.

'불타는 얼음'이라는 별칭으로 화제를 모았던 메탄 하이드레이트와 미국에서 대량 채굴되는 셰일가스, 도시가스에 이용되는 천연가스의 주성분인 메탄(CH_4)은 원자가가 4인 탄소(C)가 중심에 있어 수소 4개와 결합하여 분자를 구성합니다.

‘증기압과 끓는점 상승’ _된장국물에 입은 화상이 더 무섭다?

증기압과 끓는점 상승

용매에 비휘발성 용질을 녹이면 용매만 있을 때보다 증기압이 내려가 용액의 끓는점이 올라간다.

일본에는 ‘된장국물에 데이면 큰 화상을 입는다’는 옛말이 있습니다. 어쩐지 과장이 심한 이야기 같지만 거짓이 아닙니다. 실제로 일본의 세균학자 노구치 히데요는 어린 시절 화로 위에서 끓던 냄비의 된장국물에 왼손을 데어 큰 화상을 입었습니다.

혹시 수영장에서 수영을 하고 난 뒤와 바다에서 수영을 하고 난 뒤, 수영복이 더 빨리 마르는 쪽이 어디인지 알고 있나요? 뜬금없는 이야기 같지만, 어느 쪽 수영복이 잘 마를까 하는 문제와 된장국물에 입은 화상 이야기는 깊은 관련이 있습니다.

▲ 뛰쳐나가는 분자, 돌아오는 분자

분자는 늘 서로 끌어당기고 있습니다. 분자가 서로 당기는 힘을 **'분자 간의 힘'**이라고 부릅니다. 된장국물과 같은 액체를 구성하는 분자도, 분자 간의 힘으로 서로를 당기면서 액체 안에 머물러 있습니다.

분자는 운동에너지를 가지고 있어 분자 운동을 합니다. 운동을 하다가 서로 충돌하면 특정한 분자에 운동에너지가 집중되는 경우가 있습니다. 그러면 그 분자는 분자 간의 힘을 뿌리치고 공기 중으로 기세 좋게 뛰쳐나갑니다. 이것이 증발 또는 휘발입니다. 테이블에 흘린 물이 얼마 후 마르는 것은 이 현상에 기초합니다. 뛰쳐나간 분자 가운데는 공기 중에 잠시 돌아다니다가 다시 원래의 액체로 촐랑대며 뛰어 들어오는 것들도 있습니다.

이렇게 액체의 표면은 '뛰쳐나가는 분자와 다시 뛰어 들어오는 분자'로 몹시 붐빕니다. 일반적인 상태에서는 뛰쳐나가는 분자의 개수와 뛰어 들어오는 분자의 개수가 같기 때문에 액체의 양에는 변함이 없습니다. 이것이 앞서 설명한 '평형상태'입니다.

▲ 증발하고 싶은 분자와 증발을 방해하는 분자의 줄다리기

공기 중으로 뛰쳐나간 분자를 '증기'라고 하고, 이 증기가 나타내는 압력을 '증기압'이라고 합니다. 분자 운동은 온도와 함께 활발해지므로 온도가 상승함에 따라 뛰쳐나가는 분자의 수도 늘어납니다. 당연한 결과로 증기압은 온도와 함께 상승하겠지요.

이 증기압이 대기압(1기압)과 같아진 온도를 '끓는점'이라고 합니다. 끓는점에 도달하면 액체의 표면뿐 아니라 내부에서도 분자가 기체로 변하여 휘발됩니다. 끓고 있는 냄비의 바닥에서 기포(물의 기체)가 일어나는 것도 이러한 이유 때문입니다.

증발은 분자가 액체의 표면에서 뛰쳐나가는 것이라 했었지요. 그러므로 만약 분자 간 힘이 비슷한 분자라면 가벼운 분자일수록 뛰쳐나가기(증발되기) 쉬워집니다.

증발하기 쉬운 분자A로 구성된 액체(용매)에 증발이 어려운 분자B(용질)를 섞은 용액을 만든다고 해봅시다. 분자A가 증발되려면 용액의 표면에 분자B와 나란히 머물러 있다가 분자B 사이를 헤치고 빠져나가야 합니다. 분자B에 방해받는 만큼 증발 기회는 줄어들겠지요.

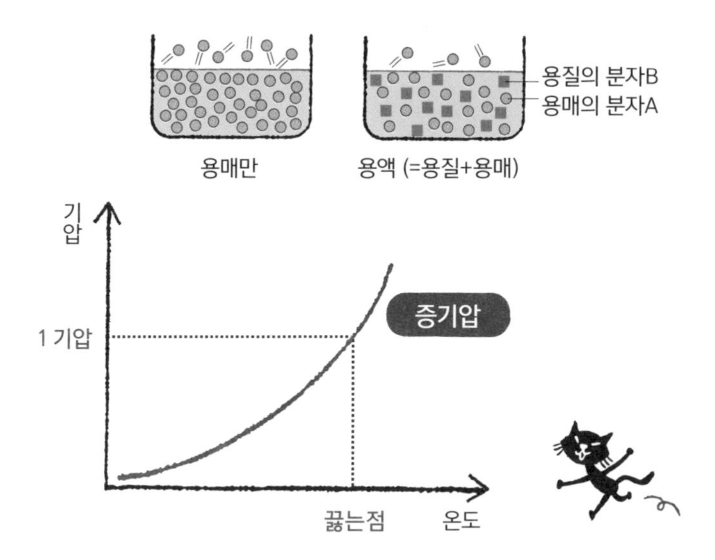

▲ 물은 100℃에서 끓지만……

그럼 민물에 젖은 수영복과 바닷물에 젖은 수영복을 생각해봅시다. 민물에는 물 분자만 들어 있습니다. 물 분자는 쉽게 증발하는 분자입니다.

하지만 바닷물에는 소금이 3% 정도 섞여 있습니다. 소금은 잘 증발하지 않는 분자입니다. 따라서 수영장의 민물에 젖은 수영복보다 바닷물에 젖은 수영복이 더 천천히 마릅니다.

'수영복이 잘 마르는 것과 된장국물에 화상을 입는 게 무슨 상관이지?' 하며 의아하신 분들은 한번 이렇게 생각해볼까요. 증기압은 물로만 되어 있을 때보다 식염수일 때 낮아집니다. 그렇다면 식염수의 증기압을 대기압과 똑같이 만들기 위해서는 어떻게 해야 할까요? 물로만 되어 있을 때보다 온도를 높여야겠지요.

물은 100℃에서 끓지만 설탕물이나 소금물, 된장국 등을 끓이려면 100℃ 이상의 고온이 필요합니다. '된장국물에 데이면 큰 화상을 입는다'는 말은 바로 이 때문입니다.

06 '몰'을 알면 가스 누출에도 당황하지 않는다

몰(mole, mol)

원자와 분자의 수량 단위. 1몰은 $6×10^{23}$개의 원자 또는 분자를 뜻한다. 어떠한 물질의 원자량 또는 분자량과 값이 같으며, 기체의 부피는 종류에 상관없이 표준상태에서 22.4L가 된다.

화학에서는 **'몰(mol)'**이라는 단위를 자주 사용합니다. 이 몰이라는 단위는 많은 사람들이 화학을 싫어하게 만든 장본인이기도 합니다. 하지만 실제로 써보면 매우 편리합니다.

우선 $6×10^{23}$개 있는 원자와 분자를 '1몰'이라고 부릅니다. $6×10^{23}$개만큼의 분자가 있으면 원자량과 분자량의 수에 g(그램)을 붙인 것과 무게(질량)가 딱 맞아떨어지기 때문입니다.

예를 들어, 원자량으로 말하자면 수소는 1, 탄소는 12, 질소는 14, 산소는 16인데, 무게를 따져보면 수소 1몰($6×10^{23}$개)은 1g, 탄소 1몰은 12g이 됩니다. 분자량도 이와 마찬가지로, 분자식 H_2O인 물 1몰은 수소 2개 2g, 산소 1개 16g이 합쳐져 18g이 됩니다.

이 1몰을 이용하면 분자 각각의 무게비가 생겨납니다. 예를 들어 공기의 99% 이상을 차지하고 있는 질소와 산소의 비율은 '질소 : 산소=4 : 1'입니다. 질소의 분자량은 28, 산소의 분자량은 32이므로 공기의 평균 분자량은 (28×4+32)÷5=28.8g이 됩니다.

물론 다른 기체도 마찬가지입니다. 1몰(22.4L)인 수소의 무게는 분자량 H_2에 따라 2g이라는 것을 알 수 있습니다. 공기의 무게는 방금 전 계산했듯이 28.8g이므로 '수소는 공기보다 가볍다'고 할 수 있습니다.

물보다 가벼운 것이 물 위에 뜨듯이, 공기보다 가벼운 기체는 당연히 공기에 뜹니다. 그래서 수소가스를 넣은 풍선은 하늘 높이 날아오릅니다. 다만 수소는 폭발성 기체라서 매우 위험합니다. 따라서 사람이 타는 열기구에는 반응성이 없는 헬륨가스를 수소 대신 넣습니다. 헬륨의 원자량은 4이므로 기체일 때의 무게는 수소의 2배입니다. 그래도 28.8g인 공기의 무게와 비교하면 충분히 가벼워서 열기구에 채우는 기체로 쓰이고 있습니다.

기체에도 무게가 있다

기체는 무색투명하고 이름에서 연상되는 것처럼 가볍다고 여기기 쉽습니다. 하지만 기체라고 가볍기만 하라는 법은 없습니다. 무엇에 비해 가볍고 무거운지를 판단하는 기준은 바로 '공기의 무게'입니다. 몇 가지 기체의 무게를 공기와 비교하여 표로 정리해보았습니다.

천연가스인 메탄은 도시가스에 주로 이용됩니다. 청산(시안화수소)은 청산가리에서 생겨나는 맹독인데, 아마 직접 보실 일은 별로 없을 겁니다. 에틸렌은 과일의 숙성 호르몬으로, 파란 바나나에 에틸렌가스를 흡수시키면 노랗게 익습니다.

공기보다 가볍다			공기보다 무겁다		
이름	분자식	분자량	이름	분자식	분자량
수소	H_2	2	산소	O_2	32
헬륨	He	4	이산화탄소	CO_2	44
메탄	CH_4	16	프로판	C_3H_8	44
수증기	H_2O	18	오존	O_3	48
청산	HCN	27	벤젠	C_6H_6	78
일산화탄소	CO	28			
에틸렌	C_2H_4	28			

표에서 예로 든 기체 외에는 매우 특수한 물질이 아닌 이상 거의 대부분 공기보다 무겁다고 보아도 좋습니다.

일산화탄소가 유독하다는 사실은 잘 알려져 있지만, 탄산가스로도 불리는 이산화탄소도 농도에 따라서는 위험할 수 있습니다. 자동차에 드라이아이스를 대량으로 가지고 타게 된다면, 이것이 승화하면서 좁은 차내에 신체에 유독한 농도의 이산화탄소가 가득 찰 우려가 있습니다. 게다가 공기보다 무거운 이산화탄소는 발밑부터 쌓여갑니다. 혹여 베이비시트에서 아기가 자고 있다면 위치가 낮기 때문에 어른보다 위험에 노출될 가능성이 높습니다.

요즘 캠핑장에서 주로 사용하는 프로판가스도 공기보다 무겁습니다. 아침에 일어났을 때 가스가 새고 있다면 정말 위험한 상황입니다. 환기용으로 텐트 위쪽을 열어두었다 해도 무게 때문에 아래쪽에 고여 있는

프로판가스는 계속 정체되어 있기 때문입니다. 실수로 담뱃불이라도 붙이면 폭발할 수 있습니다. 이렇듯 기체의 무게를 알아두는 것은 생각보다 중요합니다.

▲ 석유 1kg이 연소되면 이산화탄소는 얼마나 생길까?

기체의 무게를 알아두면 지구온난화를 공부하는 데도 유용합니다. 지구온난화를 유발하는 능력은 지구온난화 계수로 추정해볼 수 있습니다. 프레온의 온난화 계수는 수천~1만인 데 반해, 메탄은 20 이상, 이산화탄소는 최저치인 1밖에 되지 않습니다. 수치가 마침 1인 이유는 이산화탄소를 기준으로 삼았기 때문입니다. 그런데 온난화를 유발하는 능력이 이렇게 낮은 데도 불구하고 왜 이산화탄소만 동네북인 걸까요? 가장 큰 이유는 발생량이 많기 때문입니다.

석유가 연소되면 이산화탄소가 얼마만큼 발생하는지 계산해봅시다. 20L짜리 폴리탱크 하나를 가득 채운 석유를 태웁니다. 석유 20L는 비중(0.79)을 생각해보면 무게가 거의 16kg이 됩니다.

석유의 구조는 정확하게는 $H-(CH_2)n-H$이지만, 간략하게 $(CH_2)n$으로 씁니다. 이것이 1분자 연소되면 물과 함께 n분자만큼의 이산화탄소가 발생하게 됩니다.

$$(CH_2)n + O_2 \rightarrow nCO_2$$

14n 44n

이어서 연소에 따른 분자량의 변화를 봅시다. 연소 전 석유의 분자량은 14n이고, 연소 후 발생하는 이산화탄소의 분자량은 44n이 됩니다. 이것이 석유의 연소에 따른 중량의 변화입니다. 즉, 석유 14kg이 연소되면 그 3배에 가까운 44kg의 이산화탄소가 발생하는 셈입니다. 20L 폴리탱크에 가득 찬 석유 16kg이 모두 연소되면 성인 여성의 체중 정도인 50kg이나 되는 이산화탄소가 생겨납니다. 10만 톤의 유조선 하나가 연소되면 생성된 이산화탄소는 30만 톤이겠지요.

이렇듯 탄소를 연소하면 방대한 양의 이산화탄소가 발생합니다. 그중 가장 큰 비율을 차지하는 것이 전 세계적으로 연소되는 화석연료에서 발생하는 이산화탄소입니다.

이러한 화학적 지식이 있으면 가스 누출 시의 대처법뿐만 아니라 온난화 문제에 관해서도 구체적인 수치를 바탕으로 공부할 수 있습니다.

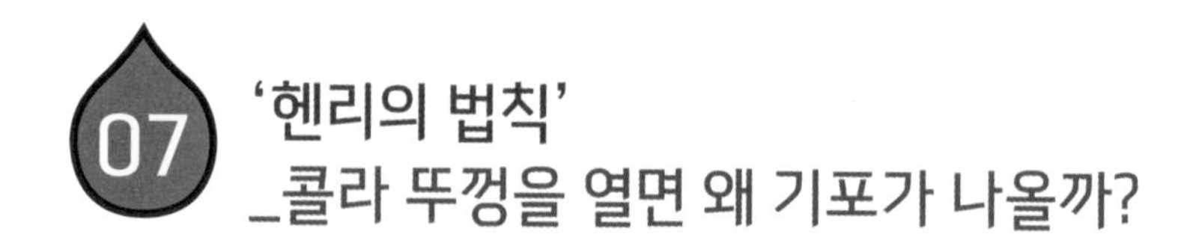

‘헨리의 법칙’ _콜라 뚜껑을 열면 왜 기포가 나올까?

헨리의 법칙(Henry's law)

일정량의 액체에 녹는 기체의 질량은 압력에 비례한다.

일상에서 익히 보아 알고 있듯이 소금이나 설탕은 물에 녹습니다. 하지만 기름이나 버터는 물에 녹지 않습니다. 이 차이는 무엇 때문에 발생할까요?

그렇습니다. 설탕과 소금은 물과 비슷하고 샐러드 오일과 석유는 물과 다르기 때문입니다. 이 현상은 닮은 것끼리는 녹고 닮지 않은 것끼리는 녹지 않는다는 원리로 설명할 수 있습니다.

닮은 것이 닮은 것을 녹인다

똑같은 액체인 석유와 샐러드 오일이 물과 비슷하지 않고, 고체인 설탕과 소금이 물과 비슷하다니 대체 무슨 말일까요?

여기서 ‘비슷하다 / 비슷하지 않다’라는 것은 겉모양을 말하는 것도, 맛과 냄새를 말하는 것도 아닙니다. 비슷하다는 것은 분자구조를 말합니다. 물 분자는 H–OH로 수소(H)와 하이드록시기(Hydroxyl Group, –OH)가 결합된 것입니다. 물 분자는 H가 플러스, O가 마이너스로 하전된 극성(이온성) 구조를 가지고 있습니다. 정리하자면 ①하이드록시기를 가지고 있고 ②이온성 구조로 되어 있는 셈이지요.

고체인 소금은 Na^{+}라는 양이온과 Cl^{-}라는 음이온으로 이루어진 이온 결정입니다. 따라서 '이온성(②가 같음)'이라 물과 비슷하기 때문에 소금은 물에 녹는 것입니다.

설탕도 물과 비슷합니다. 언뜻 보면 설탕은 유기물이므로 무기물인 물과는 다른 듯합니다. 하지만 설탕의 분자구조를 보면 분자 하나에 8개나 되는 하이드록시기(–OH)를 가지고 있습니다(①이 같음). 따라서 물과 비슷하기 때문에 물에 녹는 것입니다.

반면, 석유는 어떨까요? 석유는 탄소와 수소만으로 이루어진 분자로, OH 원자 그룹을 가지고 있지 않고 이온성도 아닙니다. 그래서 물에 녹지 않습니다.

'닮은 것이 닮은 것을 녹인다'의 가장 좋은 예는 금일 것입니다. 금은 왕수(질산과 염산을 1:3의 비율로 섞은 혼합물) 외에는 녹지 않는 것으로 유명합니다. 하지만 금도 금속에는 녹습니다. 액체 금속인 수은에는 녹아서 '금아말감'이라는 점성이 많은 물질이 됩니다. 다만 이것은 용액이 아니라 합금의 일종입니다.

▲ 니혼슈는 에탄올 수용액?

용액을 만들 때 녹이는 물질을 '용매', 녹는 물질을 '용질'이라고 합니다. 물에 설탕을 녹이면 물이 용매, 설탕이 용질이 되겠지요.

설탕과 소금은 대표적인 용질인데, 용질이 꼭 고체라는 법은 없습니다. 액체인 경우도 있습니다. 하지만 이 경우에는 양쪽 모두 액체이기 때문에 어느 쪽이 녹였는지, 어느 쪽이 녹았는지 명확하지 않습니다. 그럴 때는 양이 많은 쪽을 용매, 적은 쪽을 용질이라고 부르기로 정해놓았습니다. 이렇게 하니 이해하기 쉽지요?

니혼슈(日本酒, 일본 전통주)처럼 알코올 도수가 15도 정도의 술이라면, 부피의 15%가 에탄올이고, 물이 85%이기 때문에 물이 용매, 에탄올이 용질이므로 '에탄올 수용액'이 됩니다. 이렇게 이름을 붙인다면 아무런 맛도 멋도 느껴지지 않겠지만요.

그러면 알코올 도수가 높은 술, 예를 들어 도수가 70도인 보드카는 어떨까요? 보드카는 부피의 70%가 에탄올이고 물은 30%입니다. 따라서 에탄올이 용매, 물이 용질로 바뀌고 '물의 에탄올 용액'이라고 부를 수 있습니다.

▲ 기체는 고압일수록 액체에 녹는다

'설탕과 소금 같은 고체가 물에 녹는다고? 알코올 같은 액체도 물에 녹는다고? 그렇다면 기체도 녹는 걸까?'

네. 맞습니다. 콜라 등의 탄산음료에는 이산화탄소가 듬뿍 녹아 있습니다. 의아하게 생각할지도 모르겠으나 보통 물에도 공기가 녹아 있습니다. 물고기는 물에 녹아 있는 공기로 호흡을 합니다.

설탕과 같은 고체는 온도가 올라가면 올라갈수록 물에 녹는 양(용해도)이 늘어납니다. 기체의 경우는 이와 반대로, 온도가 올라갈수록 녹는 양이 줄어듭니다. 따라서 차가운 물일수록 공기(산소)가 풍부하게 녹아 있고, 반대로 따뜻한 물일수록 산소가 부족합니다. 여름마다 연못의 물고기가 떼 지어 죽는 원인 중 하나는 수온이 올라가 물속에 녹아 있는 산소가 부족해지기 때문입니다.

기체의 용해도는 온도뿐만 아니라 압력과도 관계가 있습니다. **일정량의 액체에 '녹는 기체의 질량'은 '압력'에 비례한다**는 것인데, 이를 **'헨리의 법칙'**이라고 합니다.

탄산음료 병의 뚜껑을 열면 바로 기포가 나오는 것도 이 때문입니다. 뚜껑이 닫혀 있을 때 병의 내부는 고압이 유지되고 있어 많은 양의 이산화탄소가 액체 속에 녹아 있습니다. 하지만 일단 뚜껑을 열면 순식간에 압력이 1기압까지 내려가, 고압으로 갇혀 있던 이산화탄소가 1기압에서는 다 녹지 못하기 때문에 기포로 변해 밖으로 나오게 됩니다. 애쓴 보람도 없이 말 그대로 '수포'로 돌아가는 것이지요.

Column

힌덴부르크 호와 수소가스

1937년 뉴저지 레이크허스트 공항에서 세기의 폭발사고가 일어났습니다. 독일에서 출발해 대서양을 횡단하던 거대 비행선 힌덴부르크 호의 폭발이었습니다. 그날은 공교롭게도 뇌우가 예보되었다고 합니다. 비행선이 계류탑과 연결되어 승객들이 엘리베이터를 타고 지상에 내리려고 하는 순간, 갑자기 꼬리날개 부근에서 폭발이 일어나 비행선은 순식간에 화염에 휩싸여 추락했습니다. 탑승인원 97명 중 35명과 지상 작업자 1명을 합해 총 36명이 사망했습니다.

힌덴부르크 호는 알루미늄 합금으로 만든 골격에 외피를 씌우고 내부에는 가벼운 기체를 주입한 비행선이었습니다. 연료가 수소가스였다니 지금 생각하면 놀라울 따름입니다. 수소가스는 폭발성이 있는 기체입니다. 정전기든 낙뢰든 일단 불이 붙으면 순식간에 번집니다.

이 같은 사고는 현대에 와서는 결코 일어날 수가 없습니다. 왜냐하면 사람이 탑승하는 비행선에 수소가스를 채워 넣는 일은 상상조차 할 수 없기 때문입니다. 현재 비행선에 주입하는 연료로는 헬륨가스(비활성, 즉 불연성)를 쓰는 것이 상식입니다.

그런데 힌덴부르크 호는 왜 헬륨가스를 넣지 않았던 걸까요? 그 이유는 독일에서 헬륨이 생산되지 않았기 때문입니다. 독일이 미국으로부터 들여오려고 했지만 거절당했다는 이야기도 있습니다.

당시 독일은 히틀러가 지배하는 나치 독일이었습니다. 그 무렵 원자폭탄 개발 실험을 실시했다고도 하지요. 그런 나라에 초저온 액체인 헬륨을 공급한다면 어떻게 될까요? 미국은 아마도 그 점을 우려하지 않았을까 싶습니다.

PART 2

우리의 기술을 키운 화학

01 태양의 빛을 전기로 바꾸는 '광전효과'

광전효과

물질에 빛을 쪼이면 물질의 표면에서 전자가 방출된다.

2011년 3월 11일에 발생한 동일본대지진 이후 원자력발전에는 역풍이, 자연에너지발전에는 순풍이 불고 있습니다. 풍력발전과 지열발전 등이 대체에너지 후보로 거론되고 있지만, 역시 가장 주목받고 있는 것은 '태양광발전'입니다.

태양광발전은 반도체에 태양의 빛이 닿으면 전기로 변환되는 매우 고마운 시스템입니다. 이것을 **'광전효과'**라고 부릅니다.

일상생활에서 이 광전효과는 전기 스위치를 켜면 방이 밝아지는 현상에서 찾아볼 수 있습니다. 즉, 전기에너지가 빛에너지로 전환된 것이지요. 이 반대의 현상, 빛에너지를 전기에너지로 전환하는 시스템이 태양광발전 또는 태양전지입니다.

▲ 빛이 닿기만 하면 전기로 바뀐다

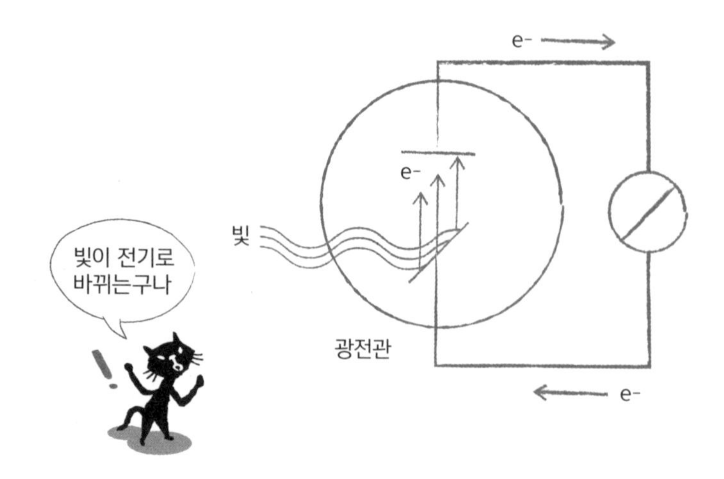

위의 그림은 '광전관'이라는 관의 모식도입니다. 옛날에 '토키(talkie)'라 불리던 발성영화의 음성 재생에 쓰였는데, 즉 광전관은 이 토키영화의 심장부와도 같았습니다. 광전관은 지금도 광센서로 활약하고 있습니다. 빛에너지를 전기에너지로 변환하는 장치, 말하자면 태양전지의 원형이라고 할 수 있지요.

옆 페이지의 그림처럼 수광소자에 빛을 내리쬐면 전류가 흐릅니다. 이것은 수광소자에서 전자가 나와 전류를 운반했다는 뜻입니다. 즉, 빛이 전기로 변한 것이지요.

아인슈타인은 이 효과를 해석하여 다음과 같은 사실을 밝혔습니다(광량자 가설).

①빛은 광자라는 입자로 구성되어 있다.

②광량은 광자의 개수에 비례한다.

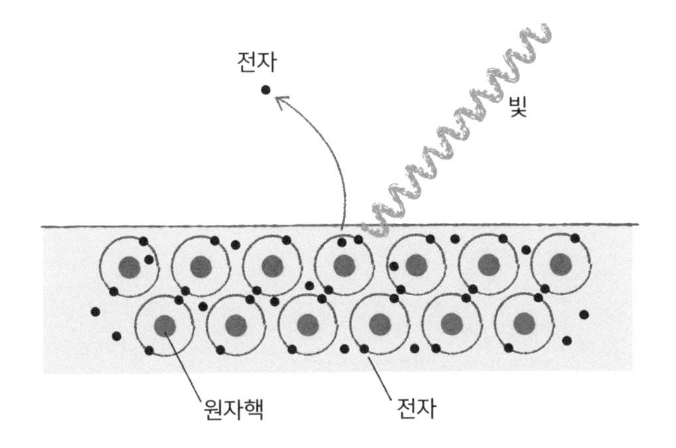

아인슈타인은 이 업적으로 노벨상을 수상했습니다. 아인슈타인이라고 하면 세기의 대발견인 상대성이론을 낳은 아버지입니다. 그런데 광전효과로 노벨상을 수상했다는 점에는 의문이 남습니다.

왜 아인슈타인이 상대성이론이 아니라 광전효과로 노벨상을 받았는지에 관해서는 많은 소문이 있습니다. 누구나 노벨상을 수여해야 한다고 당연하게 여기는 위대한 발견인 상대성이론에 주긴 해야 하는데, 이미 시기를 놓치고 말았으니 대신 광전효과에 수여하기로 했다는 설이 있습니다. 그밖에도 유태인이라는 점 때문에 차별을 받았다는 설, 상대성이론이 인류에 기여한 바에 의문을 품었다는 설 등이 있다고 합니다.

태양전지의 가능성

광전관뿐만 아니라 태양전지도 빛에너지를 전기에너지로 바꾸는 장치입니다. 여러 종류가 있지만 실리콘(규소)을 사용한 실리콘 태양전지가 일반적입니다.

실리콘은 원소 상태에서도 반도체의 성질을 지녀 '진성 반도체'라고 불리는 물질입니다. 하지만 전도성이 낮아 태양전지에 사용할 경우에는 다른 원소를 소량 섞은, 불순물 반도체를 만들어 씁니다. 혼합하는 원소의 차이에 따라 p형 반도체(붕소를 섞음)와 n형 반도체(인을 섞음)가 있습니다.

실리콘 태양전지는 투명전극, n형 반도체, p형 반도체, 금속전극을 겹쳐서 만든 것입니다. p형과 n형의 두 반도체의 경계 또는 접합면을 특별히 'pn 접합'이라고 부르는데, 태양전지에 빛을 쪼이면 pn 접합면의 원자에서 전자가 튀어나와 전극으로 이동하여 전류가 되어 흐릅니다.

태양전지에는 다수의 장점이 있습니다. 구조를 보면 알 수 있듯이 태양전지에는 가동부가 없습니다. 따라서 고장이 발생할 염려가 없어 유지·보수가 불필요합니다.

게다가 발전을 일으키는 동안 소비하는 것이 없습니다. 그래서 인공위성이나 무인등대 등 사람이 접근하기 어려운 장소에서도 발전이 가능합니다. 폐기물도 발생하지 않아 깨끗하며, 빛이 닿는 곳이라면 어디에서든 발전이 가능하기 때문에 지역친화형 에너지라고 할 수 있습니다.

그러나 단점도 있습니다. 가장 큰 단점은 날씨에 따른 변수가 많다는 것입니다. 흐리거나 비가 오면 발전 효율이 떨어집니다. 고층빌딩에 의해 드리워진 그늘도 발전을 어렵게 만드는 원인이 됩니다.

두 번째로는 면적당 발전량이 적다는 것을 들 수 있습니다. 대규모 발전에는 광활한 면적이 필요합니다. 이 문제를 해결하기 위해 곳곳에서 태양전지의 성능 향상을 목표로 연구가 진행되고 있습니다.

빛에너지를 얼마만큼의 전기에너지로 바꿨는가를 나타내는 지표에 '변환효율'이라는 것이 있는데, 현재 민생용 태양전지의 변환효율은 대부분

20%도 되지 않습니다.

하지만 앞으로 양자점을 적용한 태양전지가 개발되면 60%도 꿈은 아닐 것입니다. 여기에 pn 접합을 쓰지 않는 새로운 형식의 태양전지 개발도 추진되고 있어 기대를 모으고 있습니다.

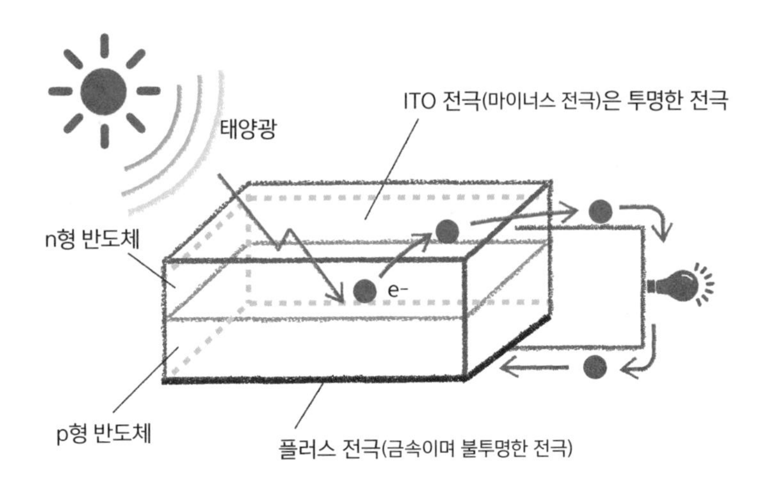

'물질의 세 가지 상태' _물은 왜 위에서 아래로 흐르는 걸까?

물질의 세 가지 상태

물질은 저온에서 고체, 고온에서 기체, 그 중간 온도에서는 액체가 된다.

'높은 산에서 밥을 지으면 설익어서 맛이 없어. 압력솥으로 하면 맛있어지는데. 양쪽 모두 똑같이 물이 끓고 있는데 왜 이런 차이가 생기는 걸까? 아이스 스케이팅 선수가 윤활제도 없이 빙상 위를 부드럽게 미끄러지는 것은 어째서일까? 동결 건조도 생각해보면 참 신기하지…….'

이 현상들은 얼핏 보기에는 공통점이 없어 보입니다. 하지만 이면에는 모두 '온도와 압력의 마술'이 숨어 있습니다. 하나씩 살펴보기 전에, 우선 압력을 달리해서 물을 끓이면 어떻게 되는지부터 알아볼까요?

▲ 물질은 세 가지 상태로 변화한다

물질은 온도, 압력에 따라 여러 상태를 취합니다. 그중에서도 고체, 액체, 기체는 전형적인 상태로, 이것을 **'물질의 세 가지 상태'**라고 합니다. 상태를 변화시키는 온도는 물질의 고유한 특성 중 하나로, 경우에 따라 특별한 이름이 붙어 있는 경우도 있습니다.

물질은 다수의 분자가 모인 집합체입니다. 물질의 상태가 다르다는 것은 이들 분자가 모여 있는 방식이 다르다는 것을 의미합니다. 고체(결정) 상태에서 분자는 위치와 일정한 배열(방향)을 가지고 삼차원으로 정연하게 쌓여 있습니다. 분자는 진동하지만 중심이 이동하는 일은 없습니다.

액체 상태에서 분자는 모든 규칙성을 잃고 자유롭게 이동합니다. 액체와 결정의 중간 상태인 '액정'은 분자의 배열이 어느 정도 규칙적이기는 하나 분자 간의 거리가 액체와 별반 차이가 없기 때문에 밀도는 액체와 거의 같습니다.

그런데 기체가 되면 분자는 시속 수백 킬로미터의 고속으로 돌아다닙니다. 그 때문에 기체의 분자 간의 거리는 매우 멀어지고 밀도는 매우 낮아집니다.

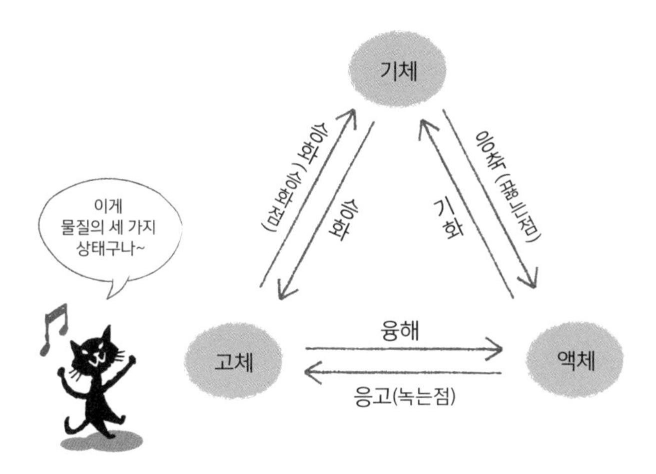

▲ 물질의 상태를 알 수 있는 그래프

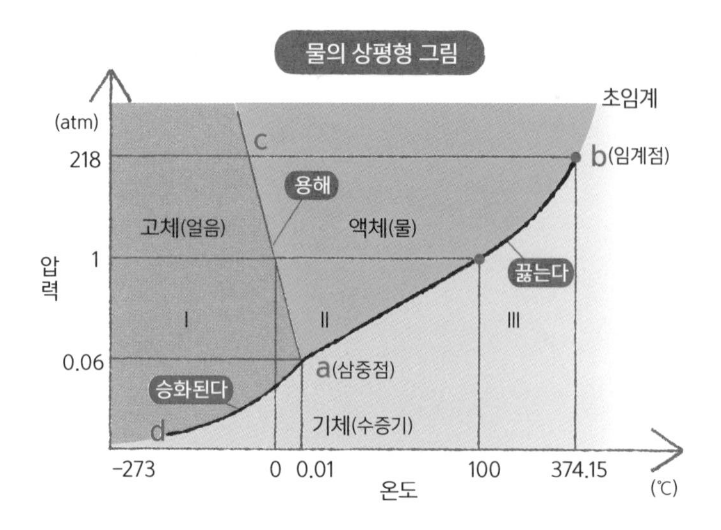

물질이 압력(P)과 온도(T) 아래에서 어떤 상태에 있는지를 나타낸 것을 **'상평형 그림'**이라고 합니다. 위의 그림은 물의 상평형 그림입니다. 압력과 온도의 조합에 따른 점(P, T)이 영역 Ⅰ에 있을 때가 고체입니다. 영역 Ⅱ는 액체, 영역 Ⅲ은 기체라고 판단합니다.

만약 점(P, T)이 영역을 나누는 선분 위에 있을 경우에는 선분 양 옆의 두 상태가 공존합니다. 즉, 선분ab의 위에 있으면 물과 수증기가 공존하는 끓는 상태이고, ac 위에 있으면 융해 상태, ad 위에 있으면 승화 상태가 됩니다.

여기서 점a를 특히 **'삼중점'**이라고 부릅니다. 점(P, T)이 점a와 겹치면 얼음, 물, 수증기의 세 가지 상태가 동시에 존재하게 됩니다. 하지만 이것은 일상생활에서 일어날 일은 없습니다. 0.06기압의 진공 상태에서만 일어나는 현상입니다.

기압이 낮으면 물은 저온에서 끓는다

상평형 그림에서 1기압하의 상태 변화를 보면 0℃에서 융해되고, 100℃에서 끓는다는 것을 알 수 있습니다. 압력을 1기압하로 설정하면 끓는점은 내려갑니다. 물이 끓는 상태에 있을 때는 아무리 화력을 올려도 그 에너지는 기화에 사용되어 끓는점 이상의 온도로 올라가지 않습니다.

따라서 기압이 낮은 높은 산에서 밥을 지을 때 물은 100℃ 이하에서 끓고 그 이상의 온도로는 올라가지 않는다는 것을 알 수 있습니다. 그래서 쌀이 설익어 밥맛이 떨어지게 됩니다. 반대로 압력솥 내부는 기압이 높아 고온에서 끓기 때문에 생선찜을 하면 뼈까지 부드러워집니다.

압력을 1기압 이상으로 높이면 녹는점이 내려갑니다. 이는 0℃에서 얼음이 아니라 물이라는 것을 의미합니다. 스케이트를 신고 빙판을 달릴 때 스케이트 날의 양쪽 모서리인 에지 아래에서 얼음을 미는 힘은 체중이 더해져 몇 기압 상승합니다. 그 결과 얼음의 녹는점이 내려가 녹아서 물이 되는 것이지요. 아이스 스케이트장에서라면 이때 녹은 물이 윤활제의 역할을 합니다. 게다가 에지와 얼음 간의 마찰열로도 얼음이 제법 녹겠지요.

액체와 기체의 중간상태란?

선분ac, ad는 절대온도인 0℃의 세로축에 부딪칠 때까지 계속 이어집니다. 그러나 선분 ab는 점b에서 끝납니다. 이 점b를 **'임계점'**이라고 합니다.

만약 임계점보다 고온·고압이 되면 물은 어떻게 될까요? 여기서는 끓는 현상이 일어나지 않습니다. 쉽게 말하면 액체와 기체의 중간 상태로, 액체의 점도를 갖추면서 기체의 격렬한 분자 운동이 함께 일어나는 신기한 상태가 됩니다. 이것을 '**초임계상태**'라고 합니다.

초임계상태의 물은 유기물까지 녹이는 것은 물론 산화작용을 합니다. 따라서 유기반응의 용매로 사용할 수 있습니다. 이때 유기용매를 써서 폐기물의 양이 줄어들기 때문에 친환경 화학(green chemistry, 그린 케미스트리)으로도 주목받고 있습니다.

▲ 동결 건조의 비밀

고체 동결 건조는 온도가 상승하면 액체가 되지 않고 곧바로 기체인 이산화탄소가 됩니다. 이처럼 고체와 기체 사이의 직접 변환을 '**승화**'라고 합니다. 상평형 그림에서도 살펴봤듯이 물의 이런 변화는 삼중점 이하의 기압과 온도에서 일어납니다. 얼음이 직접 기체가 되는 것이지요.

이 현상을 이용한 것이 바로 동결 건조입니다. 동결 건조 공법을 쓰면 음식물을 가열하지 않고 탈수·건조할 수 있기 때문에 맛을 훼손하지 않은 상태의 건조식품으로 만들 수 있습니다.

'비결정과 액정' _LCD TV의 요체

비결정(아몰퍼스)과 액정

액체와 같은 랜덤 구조로, 액체와 고체의 중간 형태다.

앞서 물질의 상태에는 '고체, 액체, 기체의 세 가지 상태가 있다'라고 말씀드렸습니다. 그렇다면 그 이외의 상태, 이른바 제4의 상태도 있는 걸까요?

답은 '있다' 입니다. 비결정과 액정 상태 등이 있지요. 아마도 LCD TV, 액정 디스플레이 등으로 인해 이 용어들이 친숙하실 겁니다. 요즘은 지하철의 도착지 안내 표시도 액정 디스플레이로 구현되는 시대니까요.

같은 물이라도 결정인 얼음과 액체인 물의 성질이 크게 다른 것처럼, 같은 물질이라도 상태에 따라 성질은 매우 달라집니다. 물질을 비결정이나 액정 상태로 만들면 생각지도 못한 기능을 발휘하는 경우가 많습니다. 그래서 요즘에는 세 가지 상태 외의 연구가 산업적 측면에서 주목받고 있습니다.

▲ 행동이 굼뜬 느림보, 비결정

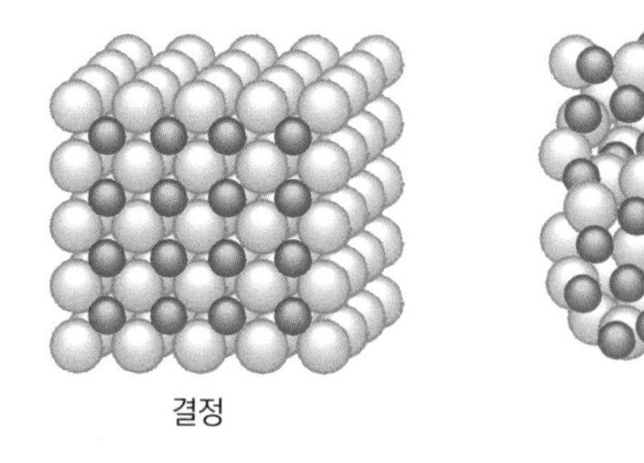

얼음은 가열하면 녹는점에서 스윽 녹아 물이 되고, 물을 저온에 두면 다시 어는점(=녹는점)에서 스윽 하고 얼음이 됩니다. 물 분자가 날렵하기 때문입니다. 예를 들자면, 아이들이 수업 중에는 의자에 앉아 얌전하게 있지만(결정 상태), 수업 종료를 알리는 벨이 울리는 순간 떠들기 시작하다가(액체 상태), 수업 시작 벨이 울리면 원래의 자리로 뛰어 들어가 다시 차분하게 앉는 것(결정 상태)과 같습니다.

그럼 수정(crystal, 크리스털)은 어떨까요? 수정은 이산화규소의 결정입니다. 1,700℃ 정도의 녹는점까지 가열하면 녹아서 액체가 됩니다. 하지만 다시 온도를 낮춰 얼리더라도 원래대로 수정으로 돌아오지는 않습니다. 유리가 되지요.

왜 원래대로 돌아가지 않는 걸까요? 그것은 이산화규소 분자의 움직임이 느리기 때문입니다. 온도를 낮춰서 어는점이 되더라도 앞서 물 분자에 빗대어 이야기한 아이들처럼 슬쩍 책상으로 돌아갈 수 없는 것이지요. 꾸물꾸물하는 사이에 온도가 내려가고 그 바람에 운동에너지를 잃어버려 움직이던 자리에서 풀썩 하고 쓰러집니다. 그러므로 유리는 액체

상태에서 그대로 굳어진 물질이라고 설명할 수 있습니다. 이와 같은 상태가 바로 '**비결정**'입니다.

금속은 미세결정이 집합된 물질로 결정 상태에 있습니다. 그러나 비결정으로 만들면 산화에 견디는 성질이 높아지거나 자성이 나타나는 경우도 있습니다. 가장 강력한 자성을 지닌 네오디뮴 자석의 제조에는 레어메탈과 레어어스가 필수인데, 최근 두 물질의 수급이 어려운 상황이라 만일 비결정 금속으로 자석을 만들 수 있게 된다면 앞으로 새로운 시장이 펼쳐질 것이라 예상됩니다.

금속은 결정화하기 쉬워서 비결정으로 만드는 작업에는 많은 어려움이 뒤따릅니다. 하지만 최근에는 합금을 이용해 벌크(덩어리) 모양의 비결정을 만드는 기술이 개발되고 있는데, 미래 산업계에서 각광받을 재료가 될 것으로 내다보고 있습니다.

송사리 떼와 닮은 액정

상태		결정	비결정	액정	액체
규칙성	위치	○	○	×	×
	배향	○	×	○	×
배열 모식도					

네 가지 상태에서의 분자 배열

액정은 휴대전화와 LCD TV를 주축으로 현대생활에 없어서는 안 되는 것이 되었습니다. 하지만 오해는 금물입니다. '액정'은 물질의 이름이 아니라 결정 또는 액체 등과 같이 물질의 '상태 중 하나'입니다. 액정은 액체결정의 줄임말로, 이름처럼 액체와 결정의 중간 형태를 띱니다.

액정 상태의 분자는 액체분자처럼 유동성을 가지고 돌아다닙니다. 그리고 모든 분자가 같은 방향을 향해 있습니다. 흐름에 휩쓸려가지 않으려고 애쓰며 모두 같은 방향(상류)을 향해 헤엄치는 송사리 떼와 닮았습니다.

물론 모든 물질이 액정 상태가 될 수 있는 것은 아닙니다. 액정 상태는 특수한 분자만이 '일정한 온도 범위' 내에서만 될 수 있습니다. 이 특수한 분자에 따로 이름을 붙여 액정분자라고 부르기도 합니다. 일반적으로 액정분자는 끈 모양의 긴 분자구조로 되어 있습니다.

옆 페이지의 표는 물질을 가열했을 때의 상태 변화를 나타낸 것입니다. 일반적인 분자는 저온에서 결정으로 있다가 녹는점에서 액체가 되며 끓는점에서 기체가 됩니다.

액정분자도 물론 저온에서는 결정 상태를 유지하다가 녹는점에서 녹습니다. 그러나 녹는점 이상의 온도가 되어도 바로 액체가 되지는 않습니다. 액체와 같은 분자의 유동성은 있지만 액체와 달리 투명성이 없는 상태가 되는 '액정 상태'를 유지합니다.

액정 상태는 '녹는점—투명점'이라는 온도 범위 내에서만 일어나는 매우 특수한 상태입니다. 액정 상태에서 더 가열하면 투명점에서 투명한 액체가 되고 끓는점에서는 기체가 됩니다. 또한 녹는점 아래의 온도에서는 결정 상태가 되기 때문에 휴대전화를 마이너스 몇십 도의 극한 상태에 두면 액정 화면이 프리즈(동결)될 가능성이 있습니다.

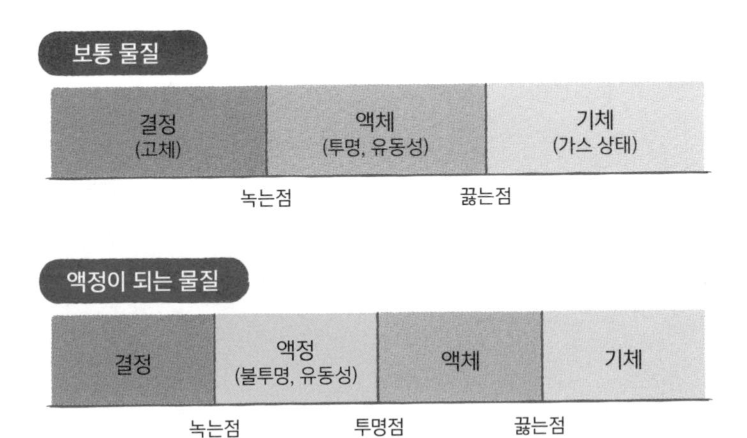

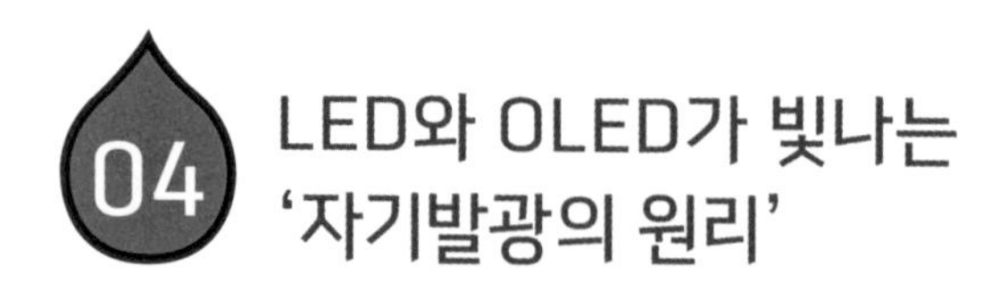

04 LED와 OLED가 빛나는 '자기발광의 원리'

자기발광

전자가 들뜬상태에서 바닥상태로 돌아올 때 방출하는 에너지가 '빛'이 되는 현상

형광등, 백열등의 시대가 저물고 이제 LED가 세계 조명시장을 석권하고 있습니다. OLED 역시 액정에 맞서 차세대 TV의 패권을 놓고 경쟁하고 있습니다.

▲ 전자는 고층 아파트 거주자

태양전지, LED, OLED는 매우 닮아 있습니다. 공통점은 기본적으로 에너지가 전자의 궤도 간 전이에 따라 흡수되어 방출된다는 것입니다.

원자건 분자건, 입자는 전자를 가지고 있으며 그 전자는 '궤도'라고 불리는 방에 들어가 있습니다. 이 방은 고층 아파트 같은 것으로, 낮은 층에서 높은 층까지 여러 집이 있습니다. 낮은 궤도는 궤도에너지가 낮고, 높은 궤도는 궤도에너지가 높습니다. 보통 상태의 전자는 낮은 궤도에 들어가 있습니다. 이것이 에너지가 안정된 상태, 즉 **바닥상태**입니다.

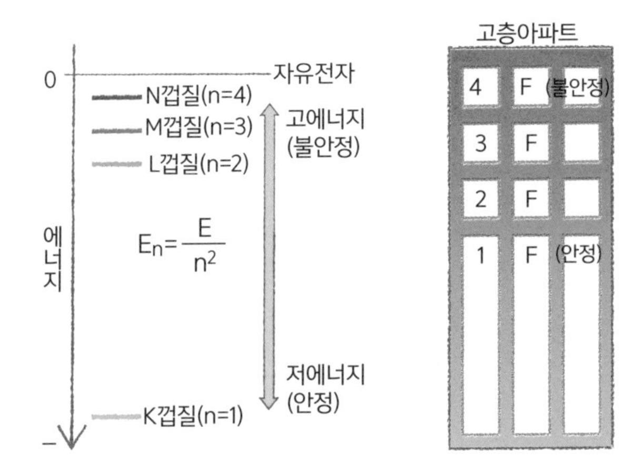

열이 될 것인가, 빛이 될 것인가

원자와 분자에 에너지가 주입되면 전자가 에너지를 받아들여 위층의 집으로 이동(전이)합니다. 이것이 고에너지이고 불안정한(들뜬) 상태입니다.

전자는 불안정한 **들뜬상태**에서 안정적인 바닥상태로 돌아가려고 합니다. 이때 불필요한 에너지는 방출됩니다. 이 에너지가 열이 되면 발열, 빛이 되면 **'발광'**이 되지요. 이 빛은 에너지가 작으면 붉은색, 크면 푸른색으로 나타납니다.

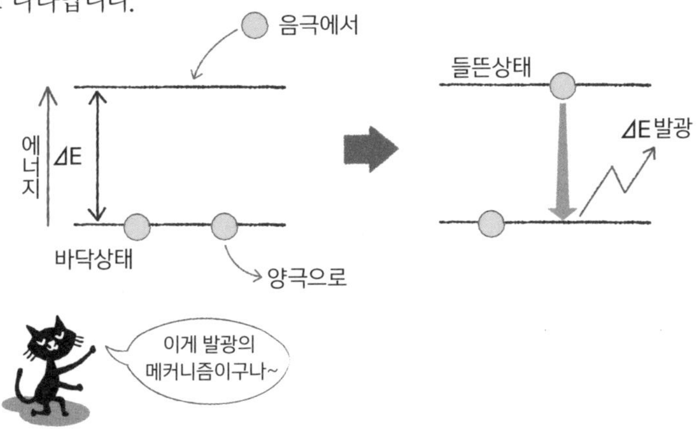

▲ LED는 왜 빛이 날까?

LED는 투명전극과 금속전극을 샌드위치처럼 만든 n형 반도체와 p형 반도체의 접합체입니다. 태양전지와 같은 구조이지요. 앞서 설명했듯이 LED는 우선 들뜬상태가 된 후에 바닥상태가 될 때 빛(에너지)을 방출합니다. LED의 경우 이 들뜬상태를 만드는 방법이 실로 묘미입니다. 요컨대, 플러스극이 저에너지 궤도에서 전자를 빼앗고 반대로 마이너스극이 고에너지 궤도에서 전자를 받아들입니다. 그 결과 앞서 살펴본 들뜬상태가 나타나 빛을 발하게 됩니다.

잘 알려져 있다시피 LED는 빛의 색 종류가 한정되어 있었습니다. 적색 LED가 발명된 것은 1962년, 황색 LED가 발명된 것은 1972년이었습니다. 뒤이어 황록색도 발명되었지요. 이쯤 되니 사람들이 이번엔 청색을 원합니다. 빛의 삼원색(빨강, 파랑, 초록)에 광원을 섞으면 백색광은 물론이고 원하는 색을 모두 만들어낼 수 있기 때문입니다.

마침내 청색 LED가 실용화된 것은 1990년대에 접어든 후입니다. 질화갈륨을 이용하여 청색 LED를 발명하고 실용화한 일본 메이조대학의 아카사키 이사무 교수, 나고야대학 아마노 히로시 교수, 미국 캘리포니아대학 나카무라 슈지 교수 이 세 명은, 이에 대한 공로를 인정받아 2014년 노벨 물리학상을 수상하게 됩니다.

▲ 화면을 접을 수 있는 OLED

OLED의 발광 원리도 LED와 완전히 똑같습니다. 큰 차이점이라고 하면 LED에서는 무기 반도체가 재료로 사용된 데 비해 OLED에는 유기물이 사용되었다는 것입니다.

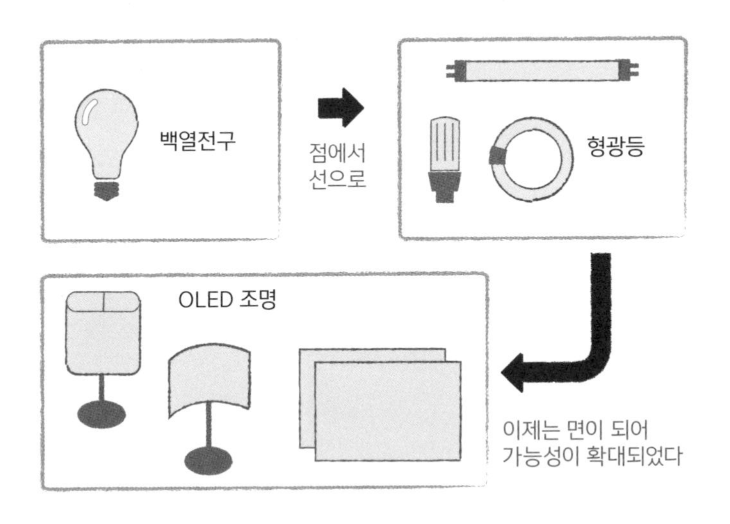

액정을 사용해 화면을 표시하는 LCD의 경쟁상대로 등장한 OLED는 두께가 얇은 초박형 TV라는 관점에서 보면 극한까지 얇아질 수 있다는 이점이 있습니다. 이것은 LCD TV처럼 발광패널과 액정패널의 이중 구조로 만들 필요가 없다는 점에 기인합니다. 액정은 자기발광이 아니기 때문에 별도의 발광부가 필요하지만, OLED는 자기발광을 하므로 필요하지 않습니다. 또한 빛나지 않는(검은) 부분은 전류가 통할 필요가 없어 에너지를 절약할 수 있습니다.

또 한 가지 특징은 전도성 고분자를 전극으로 쓰면 어떤 모양으로든 접을 수 있는 디스플레이를 제조할 수 있다는 점입니다. 롤 커튼 형식의 TV도 만들 수 있지요. 아니면 자전거의 모든 표면을 TV로 만들어 완벽한 위장색으로 변신시킬 수도 있습니다. 인체에 적용하면 카멜레온처럼 색이 변하게 할 수도 있고요.

OLED는 조명 분야에서도 LED의 경쟁상대가 될 가능성이 있습니다.

OLED 조명은 이전까지 없었던 발광체입니다. 전구와 LED는 점 조명인데 비해 OLED은 면 발광체이기 때문입니다. 현재 완전한 면 발광체는 OLED 외에는 없습니다.

일본이 청색 다이오드 연구로 받은 상은 노벨 물리학상이었지만, 혹시 OLED로 노벨상을 받았다면 분명히 노벨 화학상이 되었을 것입니다.

05 일본 검 제작에 활용되는 '산화·환원'

산화·환원

어느 물질이 산소와 결합했을 때 그 물질은 '산화했다'라고 한다. 반대로 어느 물질의 산소가 제거되었을 때 그 물질은 '환원되었다'라고 한다.

'산화'는 일상에서 흔히 만나는 현상입니다.

못은 시간이 지나면 녹이 습니다. 이것은 철이 산소와 결합한 결과로 '산화한' 것입니다. 가스레인지에 불을 붙이는 것도 산화입니다. 불을 매개로 삼아 천연가스(메탄)를 산소 가까이 가져가 이산화탄소와 물로 변화시키는 것입니다. 물은 열을 가하면 증기로 변하기에 잘 느껴지지 않지만 천연가스가 산화하며 열에너지를 발생하는 것입니다. 알아차리지 못할 뿐 우리 주변에 산화의 예는 다양합니다.

한편, '환원'이라는 말은 별로 들어본 적이 없는데 보기 드문 현상인 걸까요? 아니오, 전혀 그렇지 않습니다. 왜냐하면 철이 산화하는 동시에 산소는 환원되기 때문입니다. 가스레인지에서 메탄이 연소될 때도 산소는 '환원'되고 있습니다. 즉, 산화와 환원은 아주 밀접한 작용입니다.

산화·환원은 산소를 주고받는 것

산화·환원은 다양한 반응을 나타내는 개념이지만, 가장 일반적으로는 '산소를 주고받는 것'이라고 생각하면 됩니다. 정리하자면 다음과 같습니다.

- 물질A가 산소를 받아들여 A는 산화되었다.
- 물질B가 산소를 방출했을 때 B는 환원되었다.

따라서 탄소가 산소와 반응하여(산소를 받아들여) 이산화탄소가 되는 것은 '탄소가 산화되었다'라고 합니다. 또한 산화철이 산소를 방출하여 철이 될 때는 '산화철이 환원되었다'라고 합니다. 이처럼 금속의 산화철로부터 금속을 얻는 작업을 일반적으로 **'제련'**이라고 합니다. 이 역시 산화·환원 반응의 일종인 것이지요.

철을 제련하는 작업에서는 탄소를 이용하여 산화철을 환원시킵니다. 옛날 일본에서는 발로 밟아 쓰는 '골풀무'라는 장비로 숯을 연료로 태우는 화덕에 공기를 불어 넣었습니다. 이 방식은 '골풀무 제법' 또는 '골풀무 불기'라고 불리는데, 지금도 일본 검에 쓰이는 철을 만드는 데 이용됩니다.

현재의 제철법은 스웨덴 방식이라고 하는데, 석탄을 가열하여 휘발성 물질과 비휘발성 물질을 분리하는 작업인 건류를 거쳐 얻은 코크스를 사용합니다. 어떤 방식이든 반응은 다음과 같습니다.

산화철 + 탄소 → 철 + 이산화탄소

이 반응에서 산화철은 자기가 가지고 있는 산소를 방출하여 철이 된다는 것을 알 수 있습니다. 따라서 산화철은 환원된 것입니다. 한편, 탄소는 산소를 받아들여 이산화탄소가 되기 때문에 탄소는 산화되었다고 말할 수 있습니다. 이처럼 산화와 환원은 동시에 일어나는 반응입니다. '어느 화합물의 입장에서 볼 것인가'에 따라서 산화가 되기도 하고 환원이 되기도 하는 것이지요.

▲ 산화제와 환원제

이 반응으로 탄소가 받아들인 산소는 원래 산화철이 가지고 있었던 것입니다. 즉, 산화철은 탄소에 산소를 주고 산화시킨 것이지요. 이처럼 상대를 산화시키는 것을 **'산화제'**라고 합니다. 반대로 탄소는 산화철로부터 산소를 빼앗아 환원시켰습니다. 이처럼 상대를 환원시키는 것을 **'환원제'**라고 부릅니다.

그런데 산화제인 산화철 자신은 반응이 진행되면 환원됩니다. 반대로 환원제인 탄소는 반응이 진행되면 산화되겠지요. 이처럼 산화제는 환원되고, 환원제는 산화되는 관계에 있습니다.

이 관계를 문장으로 기억하려고 하면 머릿속이 복잡해집니다. 다음 그림처럼 A가 B에게 선물을 준다고 생각해보세요. 선물은 바로 산소입니다. 산소를 준 A는 상대를 산화시킨 것이 되므로 'A=산화제'입니다. A는 B에게 산소를 주었으므로(산소를 빼앗겼다) A 자신은 환원된 것입니다. 반대로 B는 A를 환원시켰습니다. B 자신이 '환원제'가 되어 B가 산소를 받아들였기(빼앗았기) 때문에 산화되었습니다.

이처럼 산화, 환원, 산화제, 환원제에는 '했다', '시켰다'처럼 다양한 술어, 동사가 혼란스럽게 쓰입니다. 하지만 여기에 신경을 쓰면 흐름을 잃어버립니다. 일어나는 현상은 '선물의 이동'이라는 단 한 가지 현상에 지나지 않습니다.

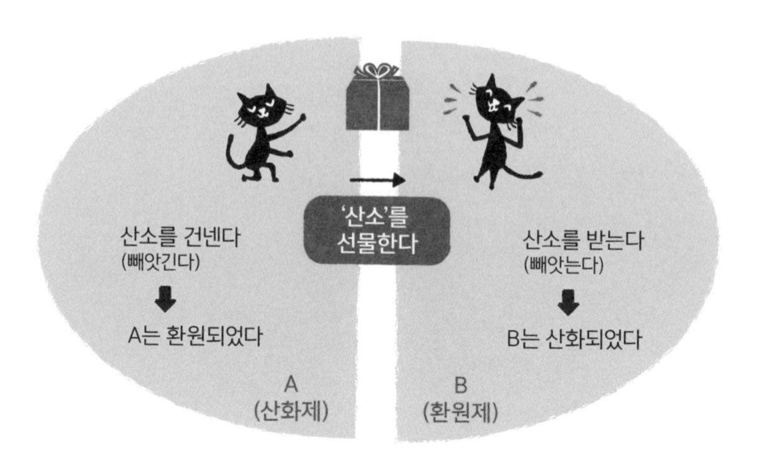

06 '이온화 경향'으로 레몬이 전지가 되다

이온화 경향

산(acid) 등의 용액 안에서 금속원소가 전자를 잃고 얼마나 양이온이 되기 쉬운지를 나타내는 상대적 척도. 이온화되는 경향이 큰 순서대로 금속원소를 배열한 것이 '이온화 서열'이다.

일본은 지진이 자주 발생하는 나라이므로 전기가 끊기는 비상시를 대비해 많은 가정에서 비상용 건전지를 구비하고 있습니다. 발전소에서 만드는 전기도 물론 소중하지만, 급박한 상황이 닥쳤을 때에는 건전지만큼 든든한 것이 없습니다. 그런데 이 작은 물건으로 어떻게 전기를 만들 수 있는 걸까요?

그 원리는 바로 **'금속의 이온화 경향'**에서 찾아볼 수 있습니다. 건전지에는 두 종류의 금속이 있는데, 두 금속의 이온화 경향이 크고 작은 차이로 전기를 일으킬 수 있습니다. 건전지는 튀어나온 쪽이 플러스, 살짝 들어간 쪽이 마이너스인데, 이온화 경향이 큰 금속이 마이너스 쪽에, 이온화 경향이 작은 금속이 플러스 쪽에 배치되어 있습니다.

또 한 가지 알아두어야 할 것은, 두 금속의 이온화 경향 차이가 크면 클수록 건전지의 전압이 커진다는 사실입니다.

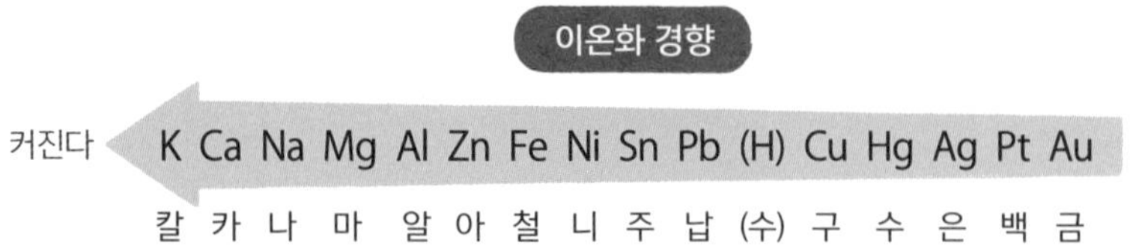

이온화 경향

커진다 ← K Ca Na Mg Al Zn Fe Ni Sn Pb (H) Cu Hg Ag Pt Au

칼 카 나 마 알 아 철 니 주 납 (수) 구 수 은 백 금

양이온이 되기 쉬운 금속, 어려운 금속

어떤 종류의 금속을 묽은 황산 같은 산 용액에 넣으면 녹습니다. 이것은 그 금속이 **'양이온'**이 되었다는 뜻입니다. 그런데 모든 금속이 녹는 것은 아니고, 산에 넣어도 녹지 않는 금속이 있습니다. 이는 금속에 따라 '양이온이 되기 쉬운 정도'에 차이가 있기 때문입니다.

그래서 다양한 금속으로 실험을 통해 '양이온으로 잘 변하는' 순서를 정했습니다. 이렇게 금속이 양이온이 되는 성질 또는 경향을 **'이온화 경향'**이라 부르고, 경향이 큰 순서대로 배열한 것을 '이온화 서열'이라고 합니다.

이온화 경향은 고등학교 과학 시간에도 중요하게 다룹니다. 이를 외우는 방법에는 몇 가지가 있습니다. 흔히 알려진 암기법이 원소의 첫 글자를 연결하여 '칼카나마알아철니주납(수)구수은백금'이라고 만든 것이지요. 원소명으로 쓰면 '칼슘, 칼륨, 나트륨, …… , 백금, 금'의 순서로 금이 제일 마지막에 옵니다. 이렇게 보니 금이 산에 얼마나 강한 금속인지 알 수 있습니다.

이온화 경향은 실험 조건, 특히 용액의 농도에 따라서도 영향을 받기 때문에 이온화 경향의 순서도 그에 따라 변화합니다. 이런 이유로 이온화 경향을 외우는 것이 무의미하다고 보는 경우도 있습니다. 하지만 다양한 전지 개발을 고려할 때 알기 쉬운 지표가 되기에 조건까지 함께 외워두면 편리합니다.

전지 이야기를 꺼낸 김에 인류가 지금까지 어떤 전지를 만들어왔는지, 그 노력의 흔적을 더듬어가며 이온화 경향을 더 깊이 이해해봅시다.

전기의 발견

인류가 전기를 처음으로 발견한 시기는 무려 기원전 600년경입니다. 그리스의 철학자 탈레스가 헝겊으로 보석의 일종인 호박을 문지를수록 더 많은 작은 먼지들이 달라붙는 현상을 보고 여기에 무언가 힘이 작용한다고 생각했습니다. 그러나 당시에는 그저 신비한 현상으로만 치부했습니다. 탈레스가 발견한 이 현상에 2,000년이 지난 뒤에야 영국의 의사 길버트가 '전기(electricity)'라는 이름을 붙였습니다. 그리스어로 '호박'을 일렉트론(elektron)이라고 하는데, 이 단어에서 전기가 유래한 것입니다.

미국의 정치가 벤저민 프랭클린은 **라이덴 병 실험**을 통해 번개가 전기를 방전한다는 사실을 발견했습니다. 번개가 치는 날에 연을 높이 띄우고 그 끝에 일종의 축전기인 라이덴 병을 연결해 병의 단자가 열리는 실험 결과를 얻었습니다. (지금이라면 자살행위라는 말을 들을 듯합니다.)

이탈리아의 해부학자 갈바니가 실시한 **개구리 해부 실험**은 새로운 전기의 형태를 발견한 계기가 되었습니다. 갈바니의 실험은 죽은 개구리의 다리 한 쪽을 핀셋으로 고정시키고 절단하기 위해 나이프를 댔더니 개구리의 다리가 꿈틀거렸다는 일화에서 비롯되었습니다. 그는 '죽은 개구리의 다리가 움직인 것은 무언가 힘이 작용했기 때문이다'라고 생각하다가 동물 전기를 발견했으니 그야말로 '과학은 관찰과 연상의 게임'인 셈입니다.

그런데 이 갈바니의 실험에 의문을 품고 연구에 매진한 끝에 인류 최초의 전지를 만든 사람이 바로 갈바니의 친구인 볼타였습니다.

▲ 인류 최초의 볼타 전지

1800년대에 발명된 볼타 전지를 한번 재현해봅시다. 묽은 황산 용액을 넣은 비커에 전극에 해당하는 아연판과 구리판을 담근 뒤 양쪽을 전선으로 연결합니다. 이것만으로도 전지는 완성입니다. 다만 전기가 생겨난 것을 확인하기 위해 중간에 알전구를 연결합니다.

알전구는 점등되긴 하지만 기초 단계의 전지라서 금방 꺼질 겁니다. 하지만 잠시나마 전구가 켜졌다는 점은 전기가 흘렀다는 사실, 즉 이 간단한 장치가 전지로 작용했다는 사실을 증명하고 있습니다.

그렇다면 볼타 전지로는 무엇을 확인할 수 있을까요? 이온화 경향이 큰 아연이 이온이 되어 용액 안에 녹기 시작하면서 방출된 전자는 아연판 위에 남습니다. 이 전자가 전선을 타고 '아연→도선→구리' 순서로 흐릅니다. 전선 중간에 연결한 전구가 켜졌다는 것은 이러한 전자의 흐름이 전류라는 사실을 말하고 있습니다.

▲ 레몬 전지에 도전

볼타 전지는 이온화 경향이 다른 두 종류의 금속이 전자를 주고받는 간단한 원리를 기본 삼아 만들어집니다. 이온화 경향이 다른 금속의 조합은 무수히 많고 묽은 황산처럼 전기가 통하는 액체(전해질 용액)도 여러 가지가 있다 보니, 볼타 전지 제작의 경우의 수는 상당히 많습니다. 이런 이유 때문인지 과학관에서 개최하는 '방학특강 과학실험 교실'에 볼타 전지가 자주 등장하곤 합니다.

대표적인 예가 **'레몬 전지'**입니다. 볼타 전지에서는 '구리와 아연, 묽은 황산(전해질 용액)'이었지만, 레몬 전지에서는 '구리와 아연, 레몬즙(전해질 용액)', '알루미늄과 구리, 레몬즙' 등 주변에서 흔히 구할 수 있는 두 종류의 금속을 전선으로 연결하면 레몬을 사용한 볼타 전지가 완성되어 전구에 불을 밝히게 됩니다.

'무려 2,000년 전에 전지가 있었다!'라는 역사적 미스터리가 남아 있지만 그것이 사실일 가능성도 충분히 있으리라 생각합니다. 전지의 구조가 이처럼 매우 간단하기 때문입니다. 한 가지 예로, 술 단지에 와인(전해질 용액)을 담고 여기에 아연과 구리 봉을 넣으면 와인 전지가 완성됩니다. 아연과 구리는 청동의 원료이므로 2,000년 전에도 존재했을 겁니다.

문제는 이 전지를 어떻게 활용했는가 하는 점입니다. 알전구나 모터가 있었을 리는 없으니 실제로 사용을 했다면 아마도 점술사 등이 쓰지 않았을까요?

도둑으로 의심받는 사람이 진짜 범인인지 아닌지 점을 쳐서 가려낼 때 쓰였을지도 모르겠네요. "만약 당신이 범인이라면 신이 당신의 혀를 찌를 것이다"라고 겁을 준 뒤 금속봉(전극)을 핥게 한다든가 하는 식으로 말입니다. 아무래도 이 시대에 태어난 것을 감사해야 할 듯합니다.

07 아폴로 13호에도 응용된 '전기분해'

전기분해

화합물에 전압을 걸어 화학적으로 분해하는 방법. 야금·정련은 금속의 전기분해다.

아폴로 13호라는 미국의 우주선이 달을 향해 비행을 시작한 뒤 거의 도착할 무렵 산소탱크가 폭발한 일이 있었습니다. 세 명의 우주비행사는 우주선을 컨트롤하는 전력과 생존에 필요한 물을 모두 잃어 지구로 귀환할 수 없는 절망적인 사태에 처했습니다. 톰 행크스가 주연을 맡아 영화화되기도 했으니 많은 분이 이 이야기를 잘 아실 거라 생각합니다.

그런데 여기서 지나치기 쉬운 것이 산소탱크가 폭발하면 왜 '전력+물'이 부족해지는가 하는 점입니다. 왜 그럴까요? 그것은 '전기분해'와 관련이 있습니다.

전기분해는 일반적으로 물을 이용하여 다음과 같은 방법으로 실시합니다.

[물] + [전기] → [수소] + [산소]

그런데 아폴로 13호에서는 이 원리를 거꾸로 뒤집어 전기분해를 했습니다.

[수소] + [산소] → [물] + [전기]

이미 눈치 채셨겠지요? 아폴로 13호에 필요한 전기와 비행사들이 먹을 물은 선체에 실려 있던 산소탱크와 수소탱크로 조달했습니다. 그런데 산소탱크가 폭발하면서 전기도 물도 공급받을 수 없게 된 것이지요.

항공우주 관련 최신 기술이던 이 방법이 현재는 대중화된 민간 기술로 사용되고 있습니다. 그 대표적인 예가 전기 자동차로, 아폴로 13호처럼 기존의 전기분해를 거꾸로 뒤집은 방식을 따르고 있습니다.

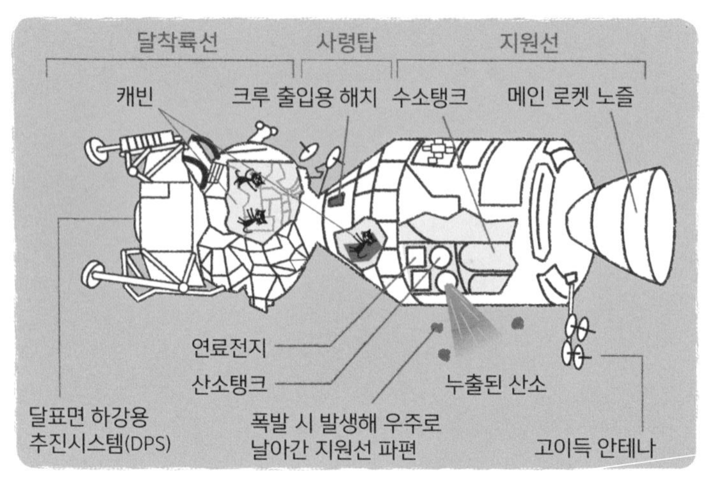

아폴로 13호 우주선 비행 상태

▲ 물의 전기분해로 에너지를 생산하라

전기분해를 거꾸로 뒤집은 원리가 아니더라도 물의 전기분해는 본래 다양한 응용이 가능합니다. 인공위성 등의 우주공간이나 심해를 다니는 잠수선 등 산소가 없는 공간에서 산소를 생성하는 데 활용됩니다. 이처럼 무산소 공간에서 사람들에게 산소를 공급하는 데 있어 전기분해는 안성맞춤인 방법입니다.

마찬가지로 생성물인 수소로 눈을 돌려보면, 수소는 수소연료 전지의 연료로 활용할 수 있습니다. 아니면 수소를 연소시키는 것만으로도 열에너지를 얻을 수가 있지요. 실제로 약 30년 전 일본의 도시가스에는 수소가스(수성가스)가 사용되었습니다. 이것은 고온에 가열한 석탄에 물을 반응시키면 물이 탄소와 반응하여 수소가스와 일산화탄소가 되는 원리를 이용한 방식입니다. 수소는 연소되면 물이 되어 열을 발생시킵니다. 일산화탄소가 연소되면 이산화탄소가 되어 열을 발생시키고요. 즉, 둘 다 연료로서의 자격을 지니고 있었던 것입니다.

▲ 전기분해로 금속도 추출할 수 있다

광석에서 금속을 추출하는 과정을 **'야금'** 또는 **'제련'**이라고 합니다. 이 작업에도 전기분해가 활용됩니다. 알루미늄과 실리콘은 전기분해를 통한 전해 제련법으로 얻을 수 있는 대표적인 금속입니다.

알루미늄은 지구의 지각 안에서는 산소, 실리콘에 이어 세 번째로 많은 원소입니다. 지각에 가장 많이 존재하는 금속원소이기도 합니다. 그런데 이렇게 다량 존재하는 원소임에도 불구하고 인류는 알루미늄을 19세기 중반이 지나서야 처음 발견합니다.

알루미늄에 비하면 구리와 아연, 주석, 철, 납, 금, 은 등은 지각 존재량이 훨씬 적은 금속입니다. 그러나 인류는 이들 금속은 사용하면서도 알루미늄은 활용하지 못했습니다.

왜냐하면 19세기까지 알루미늄을 포함한 광석(보크사이트)에서 금속알루미늄만을 추출할 방법이 없었기 때문입니다. 현재는 알루미늄 제련을 전기분해로 합니다. 이렇게 하려면 대량의 전력이 필요하기 때문에 알루미늄은 **'전기 통조림'**이라고 불립니다.

반도체 재료인 실리콘 또한 그 근방의 돌에 다량 함유되어 있지만(산소에 이어 두 번째로 많음) 역시 전기분해로 추출하므로 전기요금이 비싼 일본과 같은 국가에서는 수익이 맞지 않습니다.

알루미늄을 몹시 좋아했던 나폴레옹 3세

19세기 중엽 보나파르트 나폴레옹의 조카뻘인 나폴레옹 3세는 알루미늄이 지금처럼 널리 이용되는 데 크게 기여한 인물입니다. 알루미늄을 매우 마음에 들어 했던 그는 무슨 일이 있을 때마다 대중 앞에 꺼내놓고 특별한 찬사를 보냈습니다.

당시 황제가 주최하는 만찬회에서는 한자리에 나란히 앉은 군신들 앞에 번쩍번쩍 빛을 내는 고가의 은 식기를 늘어놓는 것이 보통이었습니다. 그러한 가운데 황제 부부 앞에는 알루미늄 식기를 대령하곤 했지요. 사람들은 알루미늄을 '우유보다 하얗고 날개보다 가볍다'고 칭송했습니다. 황제에게만 주어지는 그런 물건이라면 찬사를 받아 마땅하다는 것이었지요.

그뿐만이 아니었습니다. 황제는 그 당시 직속 근위사단의 갑옷까지 알루미늄으로 맞추려 했다고 합니다. 하지만 그때의 기술로는 대량생산이 불가능했기에 예산 문제로 포기했다는 이야기가 전해집니다. 만약 근위 사단이 알루미늄으로 만든 펄럭거리는 갑옷을 입은 채 전쟁에 파견되기라도 했다면 살아남기까지 목숨이 몇 개라도 모자랐을 겁니다.

08 화학반응의 가속장치 '촉매'

촉매

화학반응의 속도를 높이거나 낮추는 역할을 하지만 자신은 반응 전후에 변화가 없는 물질. 혹은 반응 중에 소비되더라도 반응 종료와 동시에 처음의 양을 회복하여 마치 아무 변화가 없었던 것처럼 보이는 물질이다.

우리 일상에서 자주 접하는 촉매 가운데, 자동차 배기가스 처리 과정에 사용되는 **'촉매 변환 장치'**라는 이름을 혹 들어본 적 있나요? 촉매 변환 장치란, 자동차에서 배출되는 유해물질인 탄화수소, 일산화탄소, 질소산화물을 백금, 파라듐, 로듐의 세 가지 금속원소를 이용해 동시에 제거하는 장치를 말합니다.

물론 촉매에는 백금이나 파라듐처럼 금속촉매만 있는 것은 아닙니다. 체내에도 '촉매'라고 불릴 법한 물질이 있습니다. 단백질로 된 **'효소'**도 촉매의 일종이라고 볼 수 있습니다.

그밖에도 촉매의 재미있는 예가 있습니다. 수소와 산소는 둘을 섞는 것만으로는 아무런 반응이 일어나지 않지만, 여기에 아주 약간의 백금을 첨가해주면 순식간에 반응이 진행·완결되어 물이 생겨납니다. 그리고 백금은 반응 전후로 변화하지 않습니다. 촉매의 좋은 예라고 할 수 있습니다.

촉매는 배기가스 정화뿐만 아니라 수소연료 전지에 활용되는 등 자동차 산업과 밀접한 관련이 있습니다.

몇 단계의 프로세스를 단 한 번에

촉매의 기능은 단순히 반응속도를 높이는 것만이 아닙니다. 일반적인 조건에서는 일어나지 않는 반응이 촉매가 존재하는 조건에서는 일어나는 경우가 있습니다. 이를 테면 탄화수소와 수소의 부가반응은 일반적인 조건에서는 일어나지 않지만, 백금이나 니켈 등을 촉매로 쓰면 쉽게 진행됩니다.

이것은 매우 커다란 가능성을 보여줍니다. 즉, 보통의 조건에서는 몇 단계나 되는 반응을 경유해야 합성이 가능한 화학물질이라도, 제대로 된 촉매를 발견한다면 단 한 번에 목적한 물질을 만들 수 있는 가능성이 열린다는 점입니다. 또한 단지 반응속도가 빠르다는 것에서 그치지 않고, 몇 단계를 거쳐야 하는 반응마다 요구되는 시약, 용매가 필요 없어진다는 뜻이기도 합니다. 그러면 합성에 필요한 화학물질이 큰 폭으로 줄어들어 폐기물도 대폭 줄어듭니다. 반응에 필요한 열과 전기에너지는 물론, 인력도 크게 감축되겠지요.

그런 의미에서 촉매는 친환경을 캐치프레이즈로 삼는 '그린 케미스트리'와 에너지 절약 분야에서 요즘 들어 뜨거운 관심을 받고 있습니다. 특히 이산화티타늄 등을 첨가한 **'광촉매'**는 공기 정화처럼 실내 환경을 정화하는 기능이 있다고 알려져 더욱 주목받고 있습니다.

액체인 오일을 고체인 마가린으로 만드는 비결

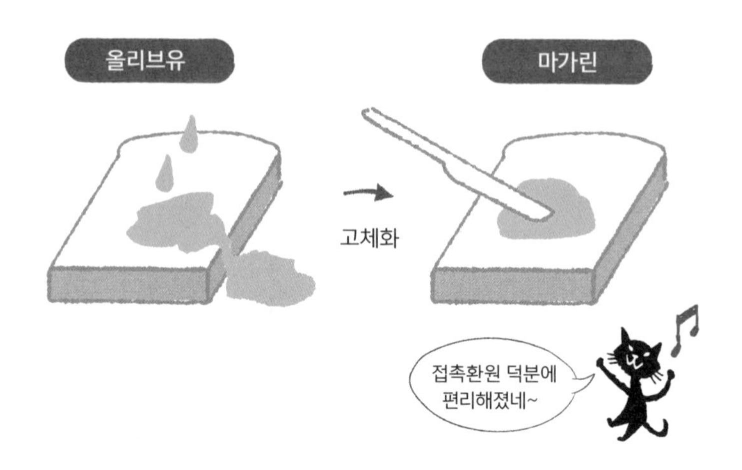

촉매가 반응을 어떻게 촉진하는지 그 과정을 예로 들어볼까요?

식물성 오일은 대부분 액체입니다. 식물성 오일 중 대표주자인 올리브유에 빵을 찍어 먹는 것을 좋아하는 사람들이 있습니다. 그런데 빵에 찍은 올리브유는 흘러서 바닥에 떨어지거나 손에 묻기 십상입니다. 만약 올리브유가 액체가 아닌 페이스트와 같은 반고형 제품이었다면 바르기가 쉬웠을 텐데요.

기름이 액체인 이유는 기름의 성분인 지방산이 이중결합을 포함한 불포화지방산이기 때문입니다. 이 불포화지방산을 **'접촉환원'**이라는 방법을 통해 포화지방산으로 만들면 기름이 액체에서 고체가 됩니다. 이 프로세스에서는 수소가스를 환원제로 사용하는데, 이때 촉매가 필요합니다. 이렇게 만들어진 기름을 경화유라고 하며 마가린, 쇼트닝 등으로 씁니다.

일본에서는 20세기 초반 촉매작용을 활용하여 휘발유를 천천히 산화·발열시킨 '백금 손난로'가 등장했습니다. 이름처럼 백금을 활용한 것으로 휘발유에 백금 촉매를 첨가한 상태에서 저온 연소시켜 서서히 열을 추출하는 장치입니다. 화학적 손난로보다 열을 대량으로 추출할 수 있어 지금도 등산객들이 애용하고 있습니다.

Column

염기와 알칼리는 같은 뜻?

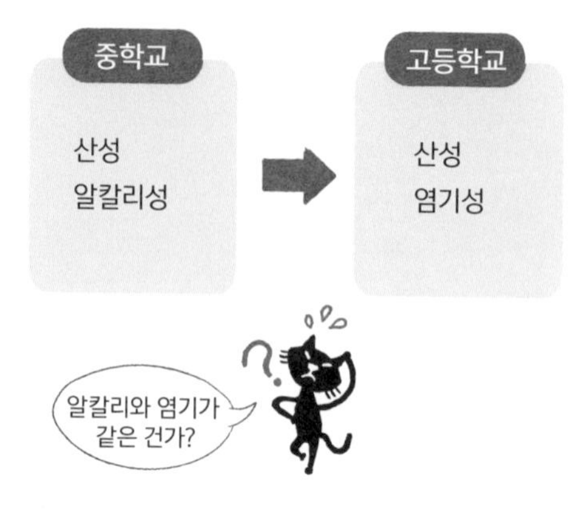

일본 교과과정에서는 초등학교, 중학교 과학 시간에 산성과 대비되는 것은 알칼리성이라고 가르칩니다. 그런데 고등학교에서는 딱히 설명도 없이 '산성과 염기성'이라고 배웁니다. 중학교까지는 '알칼리성'으로, 고등학교 때부터 '염기성'이라고 배운다면 결국 '알칼리=염기'인 걸까요?

쉽게 설명하자면, '염기'라는 말에는 매우 엄밀한 정의가 있지만 '알칼리'는 모호합니다. 굳이 말하자면 알칼리는 염기의 일부분입니다.

알칼리(alkali)의 어원을 살펴보면, 아라비아어로 알(al)은 물질, 칼리(kali)는 '재'를 뜻합니다. 단어 자체에 연금술이 한창 번성했을 무렵의 흔적이 남아 있습니다. 일상 대화에서 '알칼리'를 쓰는 것은 문제가 없지만, 화학적으로 엄밀한 이야기를 할 때는 '염기'를 사용하는 것이 명확합니다. 모호한 '알칼리'라는 말을 일부러 쓸 이유는 없습니다.

참고로 알칼리의 어원인 '재'에는 식물 성분에 함유된 금속원소 등의 산화물과 탄산염이자 식물의 3대 영양소인 칼륨에서 비롯된 탄산칼륨 등이 들어 있습니다. 이것이 물에 녹으면 염기성이 되므로 재를 물에 녹인 잿물은 곧 염기성을 띱니다.

PART 3

화학으로 알아보는 자연현상

'농도' _1ℓ+1ℓ가 꼭 2ℓ는 아니라고?

농도

용액 중에 물질(용질)이 녹아 있는 비율. 단, 농도의 단위에는 여러 종류가 있으므로 주의해야 한다.

술의 알코올 도수는 종류별로 다양합니다. 맥주가 4~5%, 니혼슈나 와인이 10~15%, 위스키나 브랜디가 40~60% 정도입니다. 보드카나 압생트는 높은 경우 90%에 가까운 것도 있지요.

물론 '알코올 도수'라고 부르는 것만 봐도 알 수 있듯이 술의 농도는 보통 '도'로 나타내지만, '%'로 표기하기도 합니다. 도수와 퍼센트는 같다고 봐도 큰 지장은 없습니다.

그러면 술의 도수(도, %)는 무게의 비율일까요, 아니면 부피의 비율일까요? 정답은 '술에 함유된 에탄올 부피의 비율(퍼센트농도)'입니다.

보드카와 압생트처럼 도수가 90%에 가까운 것은 '에탄올 수용액'이 아니라 '물의 에탄올 용액'이라고 부르는 것이 더 정확합니다. 일반적으로 용액 속에 용질이 어느 정도 녹아 있는지를 나타내는 지표를 **'농도'**라고 부릅니다. 농도의 종류는 실로 어마어마하게 많고 그때그때의 상황, 업계, 용도에 따라 다릅니다. 아는 척하다가 큰 코 다칠 우려가 있으니 늘 어떤 농도를 말하는지 잘 확인합시다.

여기서는 대표적으로 통용되는 '농도'에 관해 간단하게나마 살펴보도록 하겠습니다. 화학에서는 특별한 이유가 없는 경우 대개 '몰농도'를 씁니다.

1몰농도의 식염수를 만들려면?

화학에서 표준으로 쓰이는 농도 단위가 바로 **'몰농도'**입니다. 몰농도는 1L의 용액 안에 포함된 용질(녹아 있는 물질)의 몰수를 나타냅니다. 1몰은 분자가 6×10^{23}개가 모여 있다는 뜻입니다. 이상한 숫자지만 이전에 언급한 것처럼 1몰의 무게는 그 분자의 분자량에 '그램(g)'을 붙인 것과 같아 쓰기가 편합니다.

예를 들어, 분자량이 44인 이산화탄소의 분자가 6×10^{23}개 모여 있다고 하면 정확히 44g이 됩니다. 이것은 단순한 '단위'라서, 연필이 12자루 모이면 '1다스'라고 부르는 것처럼 분자가 6×10^{23}개 모이면 '1몰'이라고 부르는 것과 같습니다.

다만 같은 1다스라도 연필과 캔 맥주는 무게가 다릅니다. 그와 마찬가지로 같은 1몰이라도 분자의 종류에 따라 무게가 달라집니다. 이산화탄소는 1몰이 44g이지만 수소 분자는 1몰이 2g, 산소 분자는 32g으로 무게가 각각 다릅니다. 1몰의 무게는 분자량에 g을 붙인 무게와 같습니다.

몰농도는 다음의 식으로 나타낼 수 있습니다.

몰농도(M)=용질의 몰수(mol)÷용액의 부피(L)

그럼 여기서 퀴즈입니다.

'1몰농도의 식염수를 1L 만들려면 어떻게 해야 할까요?'

식염(NaCl, 염화나트륨)은 나트륨과 염소로 이루어져 있습니다. 원자량은 나트륨이 23, 염소가 35.5이므로 식염의 분자량은 58.5가 됩니다. 우선 식염 1몰(58.5g)을 1L짜리 메스플라스크에 넣습니다. 그리고 물을 더해 정확히 1L로 맞춥니다.

여기서 중요한 것은 '물 1L에 식염을 넣은 게 아니다'라는 점입니다. 만약 그렇게 되면 1L 물에 식염이 들어간 셈이므로 용액의 부피는 총 1L가 아니기 때문에 계산이 복잡해집니다. 그러니 '식염에 적당량의 물'을 넣어서 전체를 1L로 맞춰야 합니다.

'ᅟ퍼센트농도'는 '무게'의 비율

몰농도는 화학에서 중요한 단위지만 일상에서는 쓰지 않습니다. 술의 농도나 아이스크림의 유지방 함유율 등 일상적으로 사용하는 단위는 역시 **'퍼센트농도'**입니다.

이 퍼센트농도에는 **'질량 퍼센트농도'**와 '부피 퍼센트농도'의 두 종류가 있습니다. 평소 생활에서는 특별한 표기가 없는 한 '질량 퍼센트농도'를 가리킵니다. 이것은 용액 안에 포함된 용질(녹아 있는 물질)의 '질량'을 퍼센트로 나타낸 농도를 말합니다. 즉, '무게의 비율'이지요.

질량 퍼센트농도(%)=(용질의 질량)÷(용액의 질량)×100

=(용질의 질량)÷(용액의 질량+용매의 질량)×100

예를 들어, 질량 퍼센트농도 10%의 식염(NaCl) 수용액 1kg을 만들려면 식염(용질) 100g을 준비하여 여기에 900g의 물(용매)을 부어 녹이면 됩니다.

술의 '부피 퍼센트농도'는 '1+1=2'가 아니다?

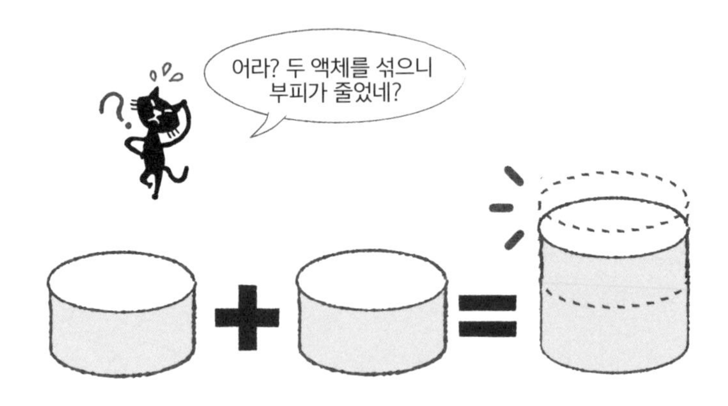

술의 농도 등을 표기할 때 쓰이는 단위는 **'부피 퍼센트농도'**입니다. 용질(녹아 있는 물질)의 부피를 용액의 부피로 나눈 비율을 말합니다.

부피 퍼센트농도(%)=(용질의 부피)÷(용액의 부피)×100

주의해야 할 점은 용액의 부피는 용질의 부피와 용매의 부피의 합이 아니라는 사실입니다. 액체의 조합에 따라서 섞으면 부피가 늘어나거나 (염산과 수산화나트륨 수용액) 반대로 부피가 줄어들기도(에탄올과 물) 하기 때문이지요.

따라서 부피 퍼센트농도 10%의 에탄올 수용액 1L는 다음과 같은 순서로 만듭니다. 1L 메스플라스크에 에탄올 100mL를 넣고 여기에 물을 넣어 정확히 1L가 되도록 합니다. 이때 물의 양은 900mL보다 많습니다. 물과 에탄올을 섞으면 전체의 양은 줄어든다는 뜻이지요. 그래서 정확히 1L를 만들기 위한 조정이 필요합니다.

액체 중에는 이처럼 둘을 섞으면 부피가 줄어드는 경우와 늘어나는 경우가 있습니다. 어떤 조합에서 부피가 줄고 어떤 조합에서 부피가 느는지는 실제 실험을 통해 알아보는 수밖에 없습니다.

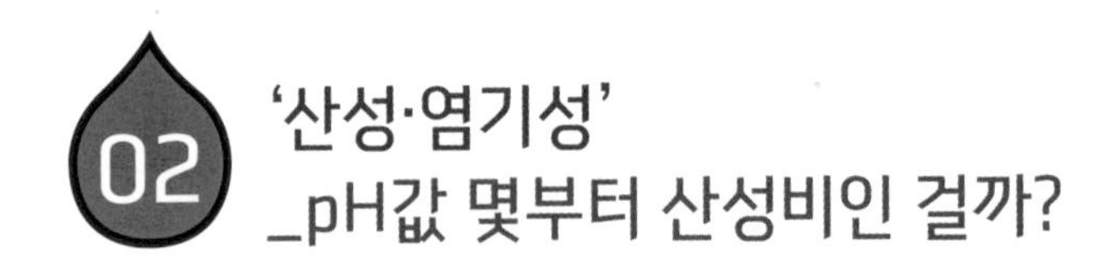

02 '산성·염기성' _pH값 몇부터 산성비인 걸까?

산성·염기성

용액의 pH가 7 미만일 때 산성, 7보다 클 때 염기성, 7일 때 중성이라고 한다.

'산성비는 해롭다'는 생각에 다들 동감할 겁니다. 그런데 산성비가 우리에게 어떤 피해를 주는지 구체적으로 알고 있나요? 산성비가 무엇인지 그 정체만 알면 됐지 굳이 산성비가 주는 피해 규모의 정보까지 구체적으로 알아서 무슨 도움이 되냐고 생각할지도 모르겠습니다. 하지만 이런 정보는 호수와 습지의 피해 대책, 도로 콘크리트 검사 및 대책 등을 세우는 데 큰 힘을 발휘합니다. 아는 것이 힘입니다.

산성비는 옥외에 설치된 동상 등의 금속물을 녹슬게 하는 것으로 그치지 않습니다. 콘크리트의 염기성을 중화시켜 강도를 약하게 하고 나아가 균열의 틈 속으로 파고들어 내부의 철근을 부식시킵니다. 녹 때문에 팽창한 철근의 균열은 더욱 확대되고 그것이 빗물을 다시 불러들이는 악순환이 일어납니다.

생물에 끼치는 피해도 막대합니다. 호수와 습지의 생태에 악영향을 줄 뿐만 아니라 특히 삼림 고갈은 심각한 문제입니다. 나무를 잃어 물을 저장하는 기능이 떨어진 산은 홍수가 나기 쉽습니다. 그러면 표면의 비옥한 토양이 유출되어 산은 영구적으로 삼림을 잃고 사막화의 길을 걷게 됩니다. 한번 잃어버린 토양은 되돌릴 수 없습니다.

pH의 실제

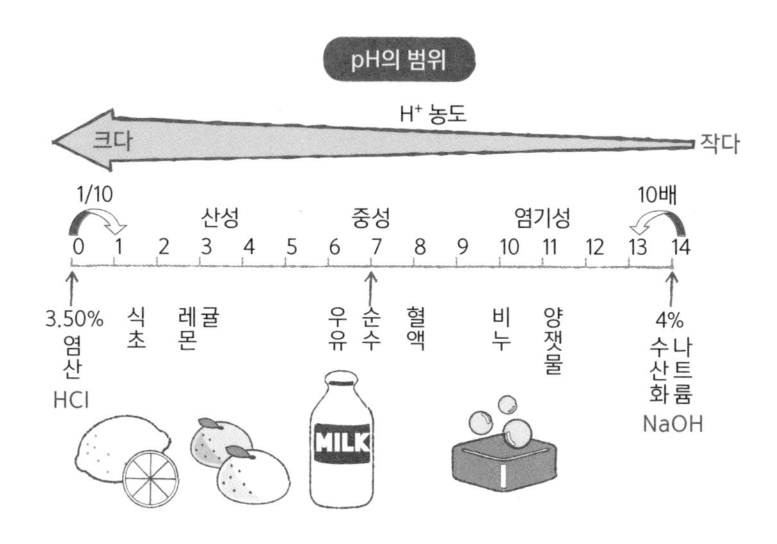

산성, 염기성의 강도를 나타내는 데는 'pH'라는 단위를 씁니다. 여러분은 이 단위를 어떻게 읽고 있나요? pH를 어떻게 읽느냐에 따라 연령대를 짐작할 수 있습니다. 옛날에는 독일어 발음대로 '페하'라고 읽었지만 최근에는 영어 발음 그대로 '피에이치'라고 읽기 때문인데요. 혹시 자녀가 있다면 '피에이치'라고 읽어도 맞는 발음이니 걱정하지 마시길 바랍니다.

pH의 범위는 0에서 14까지입니다. 물로 대표되는 중성은 pH가 7입니다. 이것을 기준으로 pH가 7보다 작은 것이 **'산성'**입니다. 값이 작아지면 작아질수록 강한 산성을 띱니다. 반대로 7보다 큰 것이 **'염기성'**이며 값이 커지면 커질수록 강한 염기성을 띱니다. 산성은 신맛, 염기성은 쓴맛이 납니다.

pH의 수치는 조금 특이한데, 숫자가 1씩 달라질 때마다 강도는 10배씩 달라집니다. 즉, pH 3인 산성용액은 pH 4인 산성용액보다 10배 강하고, pH 5와 비교하면 100배 더 강력합니다.

우리 주변의 음식물과 식재료의 pH 값을 앞 페이지의 그림과 같이 나타내보았습니다. 산성 음식은 식초(초산)와 매실초절임(구연산) 등 다양하지만 염기성 음식은 거의 없습니다.

그림에서 예로 든 것 외에도 알칼리 건전지의 내용물과 온천은 염기성이 높다(pH 8~10)고 알려져 있습니다. 물론 산성도가 높은 온천도 있습니다.

모든 비는 산성비다

비는 하늘의 구름 속에서 만들어진 물방울이 공중을 돌아다니다가 지표면으로 낙하한 것입니다. 물방울은 공중을 통과하는 사이에 기체를 흡수하며 떨어지는데, 그 안에는 이산화탄소가 포함되어 있으므로 물과 반응하여 탄산이 되고 산성을 띱니다.

비는 어떤 시대든 어디에서 내리든 상관없이 원래 '산성비'입니다. '중성비'나 '염기성비'는 세계 어디에도 없습니다. 비는 pH가 보통 5~6 정도입니다. 일반적인 의미의 산성비란 보통의 비보다도 훨씬 산성도가 높은 비

(pH 값이 작은 비)를 말합니다. 절대적인 정의는 없습니다.

산성비는 왜 생겨날까요? 공장과 자동차에서 배출되는 대기오염 물질인 황산화물 SO_x와 질소산화물 NO_x 때문입니다. 이 물질들이 빗물에 섞여 들어가 강한 산성을 띱니다.

예를 들어 황산화물은 물에 녹으면 아황산과 황산 등의 강한 산으로 변해 비를 산성으로 만듭니다. 마찬가지로 질소산화물은 물에 녹아 질산 등의 강산이 됩니다. 도쿄에 내리는 산성비에서는 자동차에서 발생하는 질소화합물에 함유된 질산이 많이 검출된다고 합니다. 그런데 이 질소산화물을 효과적으로 감축하는 대책이 개발되지 않고 있어 여전히 도시 산성비의 원인이 되고 있습니다.

한편, 황산화물은 탈황 장치 덕분에 감축 추세에 있으나 최근에는 중국에서 유입되는 양이 늘어 논란이 일고 있습니다. 실제로 황산화물이 중국으로부터 겨울철과 봄철에 흘러들어온다는 사실이 시뮬레이션을 통해 밝혀졌습니다. 일본국립환경연구소는 산성비의 49%가 중국에서 유래되었다고 발표하기도 했습니다. 여름에는 규슈 지역의 화산으로부터 황산화물이 날아온다는 추측도 있습니다.

03 구름과 비를 발생시키는 '과포화 상태'

과포화 상태

용액이 특정 온도의 한도량을 넘어 용질을 녹이는 상태

시민 혁명의 대표주자인 프랑스 혁명이 날씨 때문에 일어났다는 설이 있습니다. 혁명의 원인이라고까지 단정 짓지는 못하더라도, 비가 오지 않으면 농작물이 마르고 반대로 큰비가 오면 농작물의 뿌리가 썩어버리는 것은 명확한 사실입니다. 최근 전 세계적으로 이상 저기압 때문에 단시간에 국소 지역에 큰비가 내려 많은 이재민이 생기기도 했습니다. 역시 비는 적당하게 내려주는 것이 가장 좋습니다. 자, 이 비란 녀석은 대체 어떻게 내리는 걸까요?

구름과 비가 내리는 메커니즘

비는 구름에서 떨어지는 물이라는 액체입니다. 그런데 하늘에 구름이 항상 있지는 않습니다. 구름은 공기의 용해도와 관련이 있습니다. 공기의 용해도를 넘는 양의 수증기가 발생하면 공기에 미처 녹지 못한 남은 수증기가 응축되어 미세한 물방울이 되는데, 이것이 구름입니다.

구름의 수분은 한 방울마다 무게가 있으므로 지구의 중력 때문에 바로 떨어져 내릴 것만 같지만, 이상하게도 쉽사리 떨어지지 않습니다. 구름은 상승기류와 대류 덕분에 상공에 머물러 있으니까요. 그러나 구름의 온도가 영하 15도 이하가 되면 물방울은 응고하여 작은 얼음 알갱이가 됩니다. 그것이 주변의 수증기를 흡수해 눈송이가 되고 눈송이가 성장하며 구름 속에서 하강하는 도중에 녹아 액체가 되는데, 그 액체를 중심으로 물방울들이 모여 더 큰 물방울이 되어 낙하하는 것이 비입니다. 여기서 기온이 더 낮아지면 또 다시 응축하여 눈이 되어 내리는 것이고요.

과포화 상태를 무너뜨리면?

설탕은 차가운 물보다 따뜻한 물에 더 잘 녹습니다. 온도에 따라서 녹는 한도(용해도)가 달라서 고온의 물이 더 많은 설탕을 녹입니다. 반대로 고온에서 다량의 설탕을 녹인 설탕물을 저온으로 얼리면, 저온의 용해도 이상으로 녹아 있던 설탕이 결정으로 석출되어 컵의 바닥 쪽에 가라앉습니다.

그런데 다른 물질이 모두 설탕물 같지는 않습니다. 저온이 되더라도 용해도를 넘어선 용질이 석출되지 않을 때도 있습니다. 이처럼 **과포화 상태**는 매우 불안정해서 약간의 진동, 또는 용질의 미결정('씨앗'이라고 부름)을 넣으면 순식간에 결정이 석출됩니다. 그러한 사례로 비행기구름을 들 수 있습니다. 비행기구름은 비행기의 진동, 배기가스 속의 미세분말로 인해 과포화 상태의 공기 중에서 '씨앗'이 만들어져 과포화 상태가 무너지는 바람에 단번에 구름으로 나타나는 현상입니다.

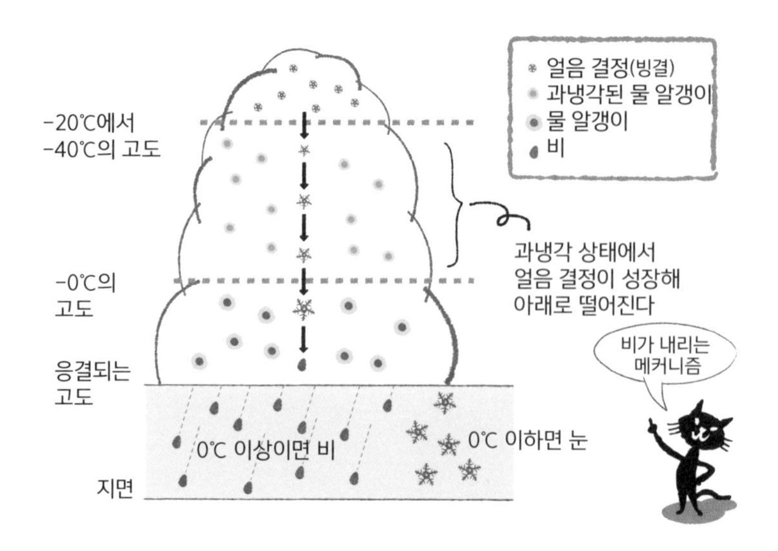

기상예보와 푸아송의 방정식

구름은 이렇게 과포화 메커니즘으로 생겨나는데, '언제, 어디에서 과포화 상태가 되어, 어디까지 이동하여, 어디에서 과포화가 무너져 비로 내리는지' 예측하는 것은 매우 어려운 일입니다. 모든 일이 구름 안에서 일어나기 때문입니다.

수학에는 이런 현상을 해석하는 데 편리한 **'푸아송 방정식'**이라는 것이 있습니다. 이 방정식은 2차 편미분 방정식이라는 매우 복잡한 식으로, 수작업으로 답을 구하기에는 너무 어렵습니다.

기상예보는 기본적으로 이 푸아송의 방정식에 기압, 온도, 지열 등의 데이터를 입력하고 기상청의 슈퍼컴퓨터로 얻은 계산 결과에 기초하여 캐스터가 TV 등을 통해 발표합니다.

▲ 비의 씨앗은 무엇으로 만들어져 있나?

애초에 비가 만들어지려면 씨앗, 즉 **'얼음 알갱이'**가 만들어져야 합니다. 비가 만들어지는 조건인 영하 15℃라는 온도는 얼음의 녹는점인 0℃를 훨씬 밑도는 수치입니다. 그러므로 모든 물은 얼어서(결정화되어) 얼음이 되어 있어야 맞습니다. 하지만 이상하게도 과포화 상태일 때와 마찬가지로 아주 낮은 온도에서도 결정화하지 않는 경우가 있습니다. 이러한 상태가 **'과냉각 상태'**입니다.

과냉각 상태도 당연히 매우 불안정하기 때문에 약간의 진동과 '씨앗' 또는 적당한 미립자가 더해지면 순식간에 대량의 얼음 알갱이(빙정)로 변합니다. 저온의 구름 속에 미립자가 흩어지면 그것이 자극으로 작용하여 일어나는 현상입니다. 자연계에서는 바다에서 파도가 칠 때 하늘로 솟구친 소금 알갱이와 육상에서 생긴 모래먼지 등이 비의 씨앗이 된다고 알려져 있습니다.

▲ 씨앗을 활용한 인공강우

비는 너무 많이 와도 적게 와도 곤란합니다. 적당하게 내리는 것이 가장 좋지만 비도 자연현상이기 때문에 많으면 홍수로 이어져 막대한 피해를 가져오고, 반대로 적으면 농작물을 수확하지 못합니다. 옛날이라면 바로 기근으로 번질 위태로운 상황이겠지요.

그래서 인공적으로 비를 내리게 하는 방법이 연구되었습니다. 인공강우는 과냉각 상태의 구름 안에 일부러 미립자를 뿌리는 것입니다. 이 말은 즉, 현재의 인공강우에는 전제조건으로 구름이 반드시 필요하기 때문에 구름 없이 화창한 하늘에 비를 내리게 하는 것은 어렵다는 뜻입니다.

일반적으로 비를 내리게 하는 씨앗의 재료로는 드라이아이스나 요오드화은(銀)을 씁니다. 요오드화은의 결정은 육각형 형태로 얼음 결정과 비슷합니다. 이렇게 결정형이 비슷한 핵을 쓰는 것이 더 효과적입니다. 한편, 요오드화은에는 약한 독성이 있어 인공강우를 대량으로 섭취하면 건강을 해칠 수 있으므로 주의해야 합니다.

천연가스 운반에 효과적인 '보일-샤를의 법칙'

보일-샤를의 법칙(Boyle-Charles' Law)

기체의 부피는 압력에 반비례하고 절대온도에 비례한다. 이것을 식으로 나타낸 'PV=nRT'를 이상기체의 상태방정식이라고 한다.

고체인 철로 된 레일은 다소 압력을 가하더라도 부피가 변하지 않습니다. 하지만 여름철에 기온이 올라가면 팽창하여 조금 커집니다(부피가 늘어난다).

액체인 물은 압력을 조금 가하더라도 눈에 보일 만큼 줄어드는 경우는 없습니다. 온도를 0~100℃까지 올렸다 내렸다 해도 물의 부피는 거의 변화가 없습니다(오래 끓여서 증발하는 것은 제외).

그러나 기체는 압력을 가하면 부피가 작아집니다. 또한 온도를 높이면 팽창하여 부피가 커집니다. 이러한 여러 연구 끝에 '기체의 부피는 압력에 반비례하고 절대온도에 비례한다(**보일-샤를의 법칙**)'는 사실이 밝혀졌습니다.

기체의 부피를 V, 기체의 몰수를 n, 이때 절대온도를 T, 압력을 P라고 하면 이들 사이에는 다음의 식①의 관계가 성립합니다. 이것이 '이상기체의 상태방정식'입니다. '이상기체'라는 점이 특별한데, 이 부분은 나중에 다시 자세히 다루겠습니다. 나아가 R은 기체상수로 화학에서는 중요한 3대 상수 중 하나이자 공식입니다.

$PV=nRT$ …… **식①**

▲ 천연가스를 운반하는 지혜

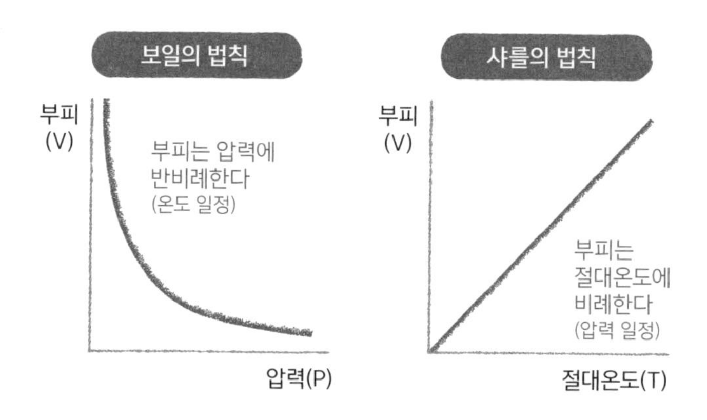

'보일-샤를의 법칙'이란 17세기 영국의 로버트 보일이 발견한 보일의 법칙과 18세기 프랑스의 자크 샤를이 발견한 샤를의 법칙을 합한 것입니다.

- **보일의 법칙=온도가 일정할 때 이상기체의 부피는 압력에 반비례한다.**
- **샤를의 법칙=압력이 일정할 때 이상기체의 부피는 절대온도에 비례한다.**

이 두 가지를 합하면 '이상기체의 부피는 압력에 반비례하고 절대온도에 비례한다'가 됩니다. 수식에 강한 사람이라면 이 문장을 보고 '이상기체의 압력은 부피에 반비례하고 절대온도에 비례한다'라고도 할 수 있다는 것을 곧바로 알아차렸을 겁니다.

결국 보일의 법칙은 '기체의 부피가 커서 곤란할 때는 압력을 가하면 부피가 작아질 거야'라고, 샤를의 법칙은 '아니면 온도를 낮춰서 기체의 부피를 확 줄일 수 있을 거야'라고 해석할 수도 있습니다.

부피가 커서 곤란한 경우에 가장 좋은 예로, 해외에서 천연가스를 배로 운반해 올 때를 들 수 있습니다. 기체는 부피가 큰 상태에서는 저장과 운반이 어렵습니다. 보일-샤를의 법칙은 이때 등장합니다.

천연가스(기체)에 압력을 가하거나 온도를 내려서 부피를 줄이는 것이지요. 압력을 1기압에서 2기압으로 높이면 부피는 절반으로 줄어듭니다. 10기압으로 높이면 1/10으로 줄어들고요. 더 고압으로 높이면 기체의 종류에 따라서 액체로 변하기도 합니다(액화). 그러면 부피는 더욱 큰 폭으로 감소합니다. 천연가스는 온도를 영하 162℃까지 낮춰 액화함으로써 부피를 1/600까지 압축합니다. 천연가스를 액화(액화천연가스, LNG)하여 운반하는 이유입니다.

▲ 1,700배로 불어난 물의 부피

지금 별 의심 없이 '물의 부피'라고 말하고 있지만, 기체의 부피란 본래 무엇을 말하는 걸까요? 기체 상태에 있는 분자는 무려 항공기가 비행하는 정도의 빠른 속도로 돌아다닙니다. 이 기체 상태의 분자를 풍선에 넣으면 기체분자가 고무풍선의 벽에 부딪쳐 풍선을 부풀게 합니다. 이때 풍선의 부피를 '기체의 부피'라고 합니다.

당연한 말이지만 기체의 부피란 공간의 부피입니다. 같은 물질이 액체일 때와 기체일 때, 부피는 어떻게 다를까요? 앞서 액화천연가스의 수송 사례에서는 기체를 액체로 만들면 부피가 한꺼번에 감소했는데, 반대로 액체를 기체로 만드는 경우는 어떨까요?

물을 예로 들어봅시다. 물 1몰(18g)의 부피는 18mL(18cc)입니다. 대체로 1L들이 팩 우유의 1/50 정도에 해당하는 적은 양입니다. 그런데 이것을 100℃로 가열하여 기체(수증기)로 만들면 부피는 31,000mL, 즉 1L짜리 팩 우유가 31개로 늘어나게 됩니다.

물 분자 자체의 부피는 액체든 기체든 거의 변화가 없습니다. 그러나 액체에서 기체로 변하면 부피가 18mL에서 31,000mL로, 대략 1,700배나 불어납니다.

이 사실은 기체의 부피와 기체 자체(분자)의 부피는 아무런 관계가 없고, 분자 간의 간격이 벌어진 만큼 부피가 커진다는 것을 의미합니다. 따라서 기체 1몰의 부피는 온도 0℃, 1기압일 때 22.4L(기체의 종류와 상관없이 모든 기체에 해당)라는 사실을 알 수 있습니다. 방금 전에 31L라고 한 것은 온도가 0℃가 아니라 100℃일 때의 부피입니다. 온도가 올라가면 부피가 커지니까요.

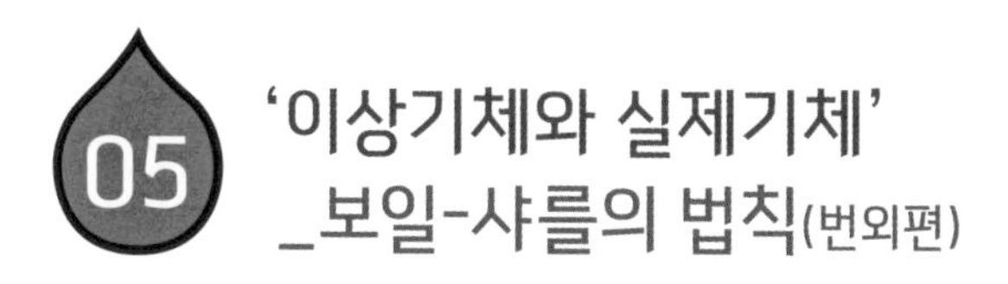

05 '이상기체와 실제기체' _보일-샤를의 법칙(번외편)

이상기체와 실제기체

실제 존재하는 기체의 종류에 따라 '이상기체의 상태방정식'에서 크게 벗어나는 경우가 있어 그것을 어떻게 수정할 것인지 결정한다.

앞서 등장한 보일-샤를의 법칙은 누구나 쉽게 이해할 수 있는 명쾌한 법칙입니다. 그런데 이 법칙을 식으로 정리한 등식의 이름을 '이상기체의 상태방정식'이라고 부르는데, 여기에서 **'이상기체'**라는 말이 무슨 뜻인지 궁금하지 않은가요?

이상적인 기체, 실재하는 기체

이전에 살펴본 식①을 변형하면 다음의 식②가 됩니다. 식②는 식①을 변형한 것에 불과하므로 값은 1이 나오는 것이 당연합니다. 그러나 식①이 실제로 성립한다면 '이상(ideal)'이라고 이름 붙이기에는 조금 이상하고, 식②는 다음과 같이 값이 1이 나와야 합니다.

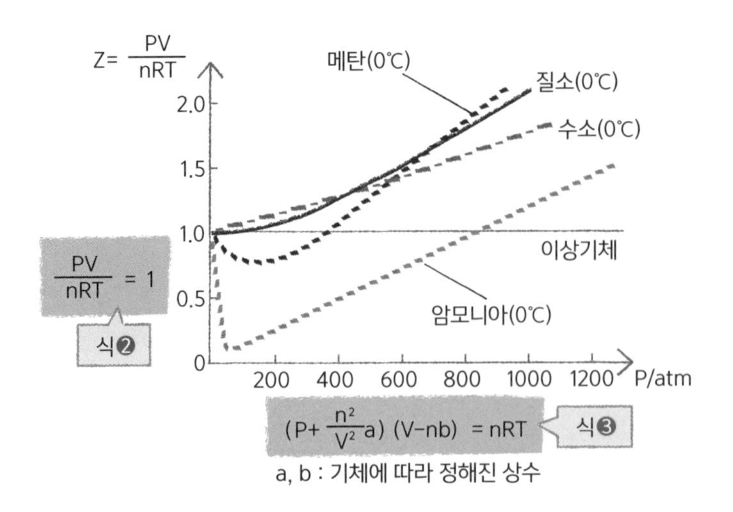

위의 그래프는 실제로 존재하는 다양한 기체의 실측 데이터입니다. 실측치는 1에서 크게 벗어납니다. 이는 식①(경우에 따라서는 식②도 포함)이 성립하지 않는다는 사실을 나타내는 값입니다. 왜 그럴까요?

그전에 기체에 대해 다시 한번 생각해봅시다. 기체는 분자로 구성되어 있습니다. 분자는 물, 암모니아 등 저마다 고유의 형태가 있습니다. 분자의 크기는 무시할 수 있을 정도로 작지만 실제로는 부피를 지니고 있지요. 분자인 이상 당연히 분자 간의 힘이라는 힘도 있고요.

즉, 기체분자끼리는 서로를 끌어당기고 있을 뿐만 아니라 풍선 벽과의 사이에서도 인력이 발생하고 있습니다. 이것이 일반적으로 존재하는 **'실제기체'**입니다.

반면, 식①에서 가정한 기체는 이 실제기체와는 매우 다릅니다. '이상기체 분자의 부피는 0이고, 따라서 형태가 없는 점(dot)이며, 이상기체는 일체의 분자 간 힘을 지니고 있지 않은 분자로 구성되어 있다'고 정한 가

상의 물질입니다. 이런 기체를 일반적으로 **'이상기체'**라고 합니다. 그래서 식①을 '이상기체의 상태방정식'이라고 이름 붙인 것이지요.

실제기체에 딱 들어맞는 상태방정식

그럼 실재하는 기체에 적용되는 상태방정식은 없을까요? 물론 있습니다. 바로 식③입니다. 이 식은 실제기체의 상태방정식, 혹은 발명자의 이름을 따서 **'반데르발스의 상태방정식'**이라고 합니다.

$$\left(P+\frac{n^2}{v^2}a\right)(V-nb)=nRT \quad \cdots\cdots \textbf{식③}$$

식①에 비하면 매우 복잡한데, 가장 먼저 눈에 띄는 것이 a, b입니다. 이 a, b는 각각의 기체에 대한 값으로 실험을 통해 결정됩니다. 예를 들어 수소는 a=0.247, b=26.6을 넣습니다.

이렇게 이상기체와 실제기체 사이에 큰 차이가 있다면 애초에 이상기체를 고안할 필요가 있었을까 하는 생각이 들기도 합니다. 사실 기체분자의 움직임과 그와 관련한 이론적 해석은 아주 어려운 분야이기 때문에 '기체분자 운동론'이라는 이름이 따로 있을 정도입니다. 따라서 우선 이상분자를 활용하여 기체분자의 움직임을 대략적으로 정하고 난 뒤에 분자별로 수정을 가하는 것이 효율적이라고 볼 수 있습니다.

06 '아보가드로의 법칙' _바다에 버린 물 한 잔, 1억 년 후엔?

아보가드로의 법칙(Avogadro's law)

같은 압력, 같은 온도, 같은 부피일 때 모든 종류의 기체는 같은 수의 분자로 되어 있다.

원자는 매우 작은 물질입니다. 옛날에는 물질의 근원을 소립자로 여겼을 정도입니다. 하지만 아무리 작아도 물질이니 나름의 무게도 있고 크기도 있습니다. 그러니 숫자로 측정하고 싶어지는 것도 당연하지요.

그런데 주기율표를 보면 수소는 1, 탄소는 12, 질소는 14, 산소는 16 등 '원자량'이 쓰여 있습니다. 원자량은 각 원소의 '상대적인 무게'입니다. 이것을 잘 활용해볼 수는 없을까요?

원자에 무게가 있다고는 해도 원자 하나하나의 무게를 측정하는 일은 역시 쉽지 않습니다. 그러나 원자가 많이 모이면 측정 가능한 무게가 됩니다. 작은 치어를 한 마리씩 팔기는 어렵지만 여러 마리를 저울에 달아서 판매할 수는 있지요. 원자도 마찬가지입니다.

▲ 아보가드로수와 몰

한 과학자가 많은 양의 원자를 모아 그때의 무게가 원자량과 같은 무게(원자량은 상대적인 무게이므로 여기에 그램 단위를 붙인다)가 되었을 때 그 원자 그룹의 원자 수는 어떤 원소든 관계없이 똑같다는 사실을 알아냈습니다. 그 상수를 '아보가드로수'라고 부르기로 했습니다. 같은 압력, 같은 온도, 같은 부피일 때 모든 종류의 기체는 같은 수의 분자로 되어 있습니다. 이것이 **'아보가드로의 법칙'**입니다.

실제로 아보가드로수는 6.02×10^{23}개입니다. 대략 계산하면 6×10^{23}개. 어디선가 본 듯한 숫자지요? 그렇습니다. 이 아보가드로수의 숫자만큼 원자 또는 분자가 모인 집합을 '1몰'이라고 부릅니다.

▲ 엄청나게 큰 숫자, 아보가드로수

여기에 컵이 하나 있습니다. 한 컵 분량의 물(180㎖=180g)은 10몰입니다. 즉, 컵 안에는 물 분자가 $(6 \times 10^{23}) \times 10 = 6 \times 10^{24}$개나 들어 있다는 말이 됩니다.

이 컵 안의 물 분자를 모두 빨간색으로 착색시켰다고 해봅시다. 그리고 이 컵을 도쿄 앞 바다에 퐁당 던져버립니다. 이제 컵에 담겨 있던 물은 항구 앞의 바닷물에 섞이고, 태평양 바닷물에 섞여 구름이 되고, 아메리카 대륙으로 건너가 비가 되어 내리고, 또……. 이렇게 전 세계에 흩뿌려지게 됩니다. 몇 년이 될지 아니면 몇 억 년이 될지 모르지만 시간이 지난 뒤 빨간색 물 분자가 전 세계에 균일하게 섞였을 때(예를 들어 1억 년 후라고 가정합시다) 다시 도쿄 앞 바다에 가서 그때와 동일한 컵으로 바닷물을 뜬다고 해봅시다.

여기서, 문제입니다.

이 컵에 다시 담은 물속에 빨간색 물 분자는 들어 있을까요?

그냥 머릿속에 떠오르는 대로 답해도 됩니다. 한번 생각해보세요.

일부러 문제로 만든 것이니 답은 짐작이 가시겠지요. 맞습니다, 들어 있습니다. 자세한 계산은 하지 않겠지만 빨간색 물 분자는 몇 백 개 단위로 들어 있을 겁니다. 아보가드로수는 그 정도로 큰 숫자입니다.

농도 규제냐, 총량 규제냐

참고로 공해 측정 시에 사용되는 ppm, ppb라는 단위가 있습니다. ppm은 'parts per million'의 약자로 100만 분의 1(10^{-6})을 가리키고, ppb는 'parts per billion'의 약자로 10억 분의 1(10^{-9})이므로 매우 옅은 농도입니다. 그러나 분자 수로 생각하면 방금 전과 같이 다른 면이 보이기 시작합니다.

컵의 물 분자 속에 '파란색 물 분자'가 1ppb만큼 섞여 있다고 해봅시다. 그 개수는 $6\times10^{23}\times10^{-9}=6\times10^{14}$개입니다. 600조 개라는 뜻이지요.

농도로 생각하면 실로 '미량'처럼 느껴지지만 개수로 보면 '대량'입니다. 어떤 단위로 볼지는 저마다 다를 수 있습니다. 하지만 최근의 공해 규제가 농도 규제에서 총량 규제로 변화하고 있다는 사실은 후자가 대세라는 것을 시사합니다.

Column

연대측정은 화학의 힘

방사성 동위원소(원자핵이 불안정하여 방사선을 방출하며 다른 원자로 변한다)에는 고유의 반감기가 있습니다. 탄소를 예로 들면, 탄소의 동위원소인 '탄소14'는 반감기 5,730년 만에 β붕괴가 일어나 '질소14'로 변화합니다. 이 변화를 이용한 것이 식물의 연대 측정법입니다.

지금 오래된 지층에서 목각이 발견되었다고 해봅시다. 이것이 과연 1,000년 전의 것인지, 아니면 2,000년 전의 것인지 알 수가 없습니다. 바로 옆에 에도 시대의 찻잔이 묻혀 있었다고 해도 그것은 우연일지 모릅니다. 이럴 때 바로 **'탄소연대측정'**이 큰 역할을 합니다.

공기 중의 이산화탄소에는 일정 비율의 '탄소14'가 포함되어 있습니다. 식물은 광합성을 하며 이산화탄소를 흡수하므로 식물의 탄소14 농도는 공기 중의 농도와 같습니다.

그런데 이 식물이 말라죽으면 어떻게 될까요? 더 이상 공기 중의 이산화탄소를 흡수하는 일은 없겠지요. 그러면 식물 속에 있는 탄소14는 질소14로 변화해갑니다.

만약 식물 속 탄소14의 농도가 공기 중 탄소14 농도의 절반이 되어 있다면 어떻게 판단해야 할까요? 방금 전 탄소14는 반감기 5,730년 만에 질소14가 된다고 말씀드렸습니다.

따라서 식물 속의 탄소14의 농도가 공기 중의 절반이 되었다는 것은, 그 식물이 고사한 지 5,730년이 되었다는 뜻입니다. 만약 농도가 절반이 아니라 25%, 즉 4분의 1이라면 어떨까요? 그때는 반감기가 두 번 온 것으로 판단해 5,730×2=11,460, 즉 11,460년이 경과했다는 것을 의미합니다. 이렇게 연대를 측정하는 것이긴 한데…….

“아, 그렇구나! 알겠다!”라고요? 잠깐만요. 이대로 알겠다고 마무리하면 안 됩니다. 질소14로 변화하는 것은 식물 속의 탄소14뿐만이 아닙니다. 공기 중의 탄소14도 똑같이 변화하겠지요.

이 논리가 성립하려면 공기 중의 탄소14 농도가 일정하다는 전제가 필요합니다. 그런데 다행히 이 전제조건은 성립한다고 알려져 있습니다.

무슨 말인가 하면, 지구 내부에서는 원자핵의 붕괴가 일어나고 지표에는 방사선이 쏟아집니다. 그 결과 공기 중의 탄소14의 농도는 거의 일정하다는 사실이 성립한다는 것이지요. 자, 이제 안심하고 탄소연대측정을 활용할 수 있겠네요.

PART 4

화학이 우리를 살렸다 _의료·생명·환경

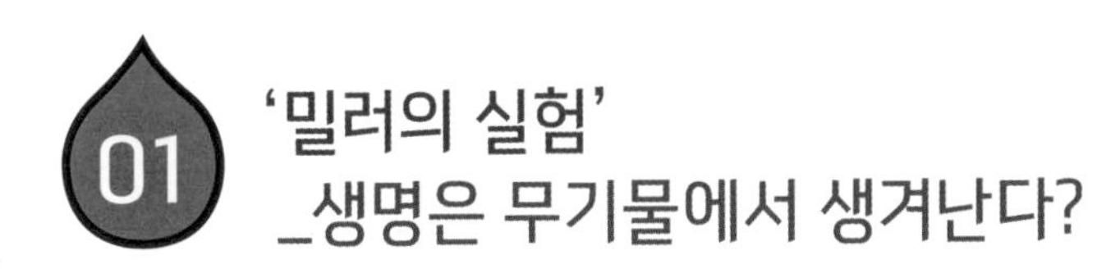

01 '밀러의 실험' _생명은 무기물에서 생겨난다?

밀러의 실험(Miller-Urey experiment)

무기물에서도 유기물을 만들 수 있다는 사실을 밝혀낸, 원시 생명에 관한 최초의 실험이다.

"당신들은 어디서 태어났는가? 당신들은 신의 피조물이다. 생명체(유기물)는 생명체에서만 태어나기 때문이다. 그리고 최초의 생명체는 신이기 때문이다"라는 말을 들었을 때 반론하기가 생각처럼 쉽지 않을 겁니다. '생명체는 생명체에서만 태어난다'는 점을 뒤집어야 하는데 그게 쉽지 않지요.

실제로 과거에는 '생명체를 만드는 것은 유기물'이며 '그 유기물을 창조할 수 있는 것은 생명체뿐'이라고 생각했습니다.

화학적 관점에서 보면 생체에 중요한 화학물질은 모두 '유기물'이라고 불리는 것들입니다. 유기물이란, 탄소와 산소를 주요 구성원소로 하는 화합물입니다. 과거에는 생명체에서 유래한 화합물만 유기물로 불렀지요. 그 당시에는 유기물을 만들 수 있는 것은 유기물뿐이라고 여겼기 때문입니다. 즉, 생명체를 만들 가능성이 있는 것은 유기물에 한정된다는 생각이 지배적이었지요.

그러나 이 주장이 성립하려면 생명체가 존재하는 지구상에는 지구 탄생 초기부터 유기물(생명체)이 존재해야만 합니다. 그렇다면 지구는 발생 때 용융된 암석이었다는 지구물리학의 설명과는 모순됩니다.

원시지구를 모사한 밀러의 실험

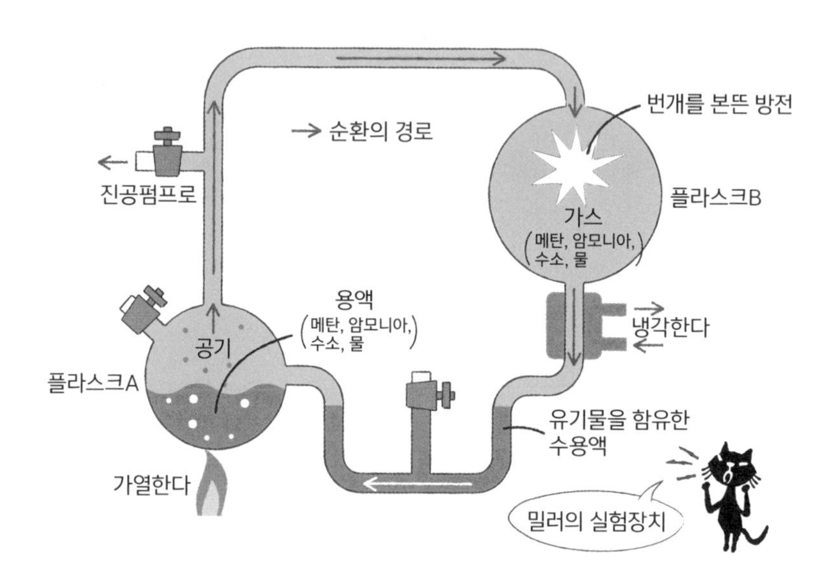

시카고대학 대학원생 스탠리 밀러가 1953년에 실시한 한 실험은 당시 학계에 새로운 바람을 불어 넣었습니다. 그는 캘리포니아대학 시절의 은사였던 해럴드 유리가 주장한 '원시지구의 대기는 수소, 메탄, 암모니아가 존재하는 환원성 기체였다'라는 설을 믿고 있었습니다. 그래서 이들 물질로부터 유기물이 탄생했다는 가정 아래 위의 그림과 같은 실험장치를 자체 제작하여 실험에 나섰습니다.

플라스크A에 물과 수소, 메탄, 암모니아를 넣고 가열하여 끓입니다. 이들 물질은 모두 '무기물'로 분류되며 원시지구를 재현하기 위해 이용한 것입니다. 만약 여기에서 유기물이 생겨나면 이전까지의 상식을 뒤엎는 일이 됩니다.

A에서 발생한 증기는 플라스크B 쪽으로 가서 방전됩니다. 이것은 원시지구에 빈번하게 일어났을 번개를 모사한 것입니다. 여기에 모인 증기는 냉각되어 다시 가열중인 플라스크A로 돌아갑니다.

실험 시작 후 일주일 정도 경과하자 플라스크 속 물질은 최종적으로 붉은 빛을 띠게 되었습니다. 이 용액을 분석한 결과 검출된 것은 뜻밖에도 유기물인 '아미노산'이었습니다.

무기물에서 생명이 태어난다!

이 실험에서 얻은 아미노산은 단백질의 구성요소이자 생명을 담당하는 물질입니다. 혁신적인 결과 덕분에 이 실험은 실험자의 이름을 따서 **'밀러의 실험'**이라고 불리게 되었습니다.

그런데 그 후 지구물리학 연구가 진행되면서 원시지구의 대기는 해럴드 유리가 생각한 환원성 기체가 아니라 이산화탄소와 질소산화물 등 산화성 기체가 주성분이라는 설이 대세가 되었습니다. 산화성을 띠고 있는 대기 중에서는 유기물의 합성이 매우 어렵습니다. 결국 현재 이 실험 자체는 역사의 뒤안길로 사라졌지요.

하지만 밀러의 실험은 무기물과 유기물은 상호변환이 불가능한 것이 아니라 적당한 조건만 갖춰지면 '무기물이 유기물로 변화할 가능성이 있다'는 것을 드러낸 획기적인 실험이었습니다. 그 가능성이 없었다면 지구상의 생명체는 어딘가 다른 천체로부터 온 것이라는 해석만 가능하기 때문입니다.

'삼투압' _물고기가 바다에서 살 수 있는 이유

삼투압

농도가 다른 두 종류의 액체를 반투막으로 이등분하여 막아두었을 때 양쪽 용매가 서로 같은 농도가 되려는 힘을 말한다.

신선하고 아삭한 배추 같은 채소에 소금을 뿌리면 절여져서 축 늘어집니다. 그야말로 풀이 죽는 것이지요. 채소의 세포막은 **'반투막'**이라는 구조로 되어 있어, 어떤 분자는 통과하지만 어떤 분자는 통과하지 못합니다. 물은 통과하지만 소금 등의 이온류는 통과하지 못합니다. 따라서 세포 내의 수분이 소금 때문에 밖으로 배출된 결과 배추가 절여지는 것입니다.

생선(담수어, 해수어)을 보관할 때도 이 방법을 씁니다. 이 방법 때문에 화학 분야에서도 알려지지 않았던 분자의 분자량을 결정하는 큰 업적을 달성할 수 있었습니다. 이 방법은 과연 어떤 화학적 메커니즘을 이용한 것일까요?

반투막으로 움직임을 제한하는 '삼투압'

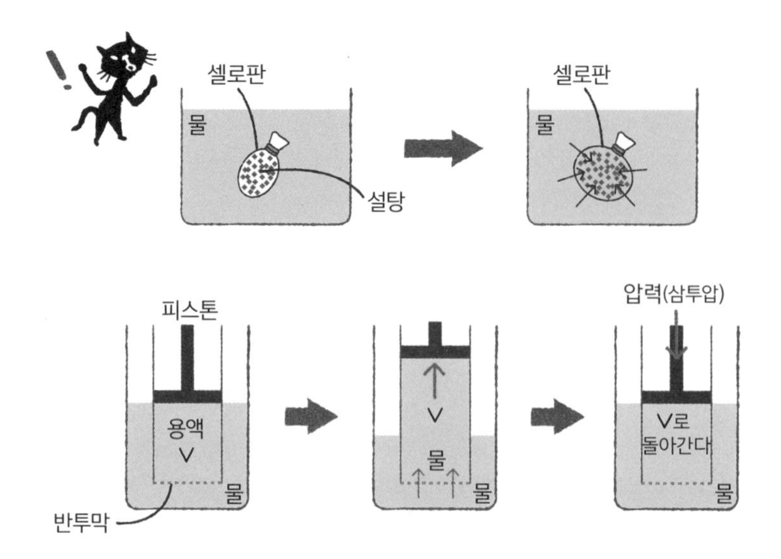

설탕을 넣은 천주머니를 물이 들어 있는 냄비에 담급니다. 오랜 시간이 지난 후 냄비의 물을 맛보면 단맛이 납니다. 설탕이 녹았기 때문입니다.

그러나 셀로판으로 만든 주머니로 같은 실험을 해보면 냄비의 물에서는 단맛이 나지 않습니다. 오히려 셀로판 주머니에 많은 양의 물이 들어가 통통하게 부풀어 오릅니다.

이 현상에 대해서는 '물과 설탕 둘 다 천주머니를 통과하기 때문에 설탕이 물속에 녹아들면서 단맛이 난다. 이에 비해 셀로판(반투막)은 물 분자는 통과하지만 커다란 분자(설탕 분자는 물 분자보다 크다)는 통과하지 못한다. 물은 셀로판 주머니 안으로 침투하지만 녹은 설탕은 주머니의 밖으로 나가지 못하므로 냄비의 물에서는 단맛이 나지 않는다'라고 설명할 수 있습니다.

이 이야기를 조금 더 화학적으로 풀어보면 다음과 같습니다.

바닥에 반투막을 붙인 피스톤에 특정 농도의 용액을 넣고 피스톤 전체를 수조에 담가 수면의 높이를 맞춥니다. 시간이 오래 경과하면 피스톤 내부에 물이 들어가 수면이 상승하겠지요. 이때 피스톤에 압력을 가하면 피스톤 내부의 수면은 수조의 수면 높이와 일치할 정도까지만 내려간다고 합니다. 이때의 압력이 바로 **'삼투압'**입니다.

반트호프의 법칙과 분자량 결정

19세기 네덜란드의 화학자 반트호프는 이 현상에서 **'반트호프의 법칙(van't Hoff's law)'**을 발견했습니다. 이 법칙은 **'삼투압은 용액의 몰농도와 절대온도에 비례한다'**라는 것입니다. 이미 몇 번이나 언급한 바 있으니 글보다는 식으로 나타내는 편이 간편하겠지요. 기체의 상태방정식(PV=nRT)의 변형 버전이기 때문입니다. 본래 기체에 관한 식을 액체에 적용했다는 점에서 앞서 변형식이라고 말씀드렸습니다.

V는 용액의 부피(기체의 부피가 아니다), n은 용액에 녹아 있는 용질의 몰수, T는 절대온도, R은 기체상수(상수는 같다)입니다. 기체의 상태방정식에서는 압력을 P로 나타냈지만, 이 경우 액체의 삼투압이라는 점을 강조하기 위해 여기서는 Π(파이)라는 그리스 문자를 씁니다(P와 같다).

$$\Pi V = nRT$$

따라서 삼투압=Π는 양변을 V로 나누면,

$$\Pi = \left(\frac{n}{V}\right)RT$$

이제 삼투압Π는 '몰농도(n/V)와 절대온도 T에 비례한다'는 방금 전의 반트호프의 법칙이 보입니다. 이렇게 하면 글로 외우는 것보다 식으로 암기하는 편이 쉽습니다.

반트호프의 식은 알려지지 않은 분자의 분자량을 결정하는 데 편리하게 사용되었습니다. 분자량을 모르는 분자 m그램(g)을 물에 녹여 부피 V의 용액으로 만듭니다. 그때 삼투압을 쟀더니 Π로 나왔다고 해봅시다.

그럼 반트호프의 식을 변형하여,

$$n(\text{몰}) = \frac{\Pi V}{RT}$$

이런 식을 얻을 수 있겠지요. 이 식에 지금 측정한 삼투압 수치를 대입하면 몰수 n을 구할 수 있습니다. 이것은 이 실험에 사용한 'm그램의 분자가 미지의 물질 n몰에 해당한다'는 것을 나타냅니다. 따라서 미지의 분자의 분자량은 다음 식으로 구할 수 있습니다.

$$\text{분자량} = \frac{m}{n}$$

▲ 왜 물고기는 축 늘어지지 않을까

앞서 '세포막은 물은 통과하지만 이온은 통과하지 못하는 반투막성의 막'이라고 설명했습니다. 그렇다면 세포막으로 싸인 생물(동물, 식물)을 소금물에 담그면 살지 못할 텐데 일생을 바닷물 속에서 보내는 어류는 어떻게 된 걸까요?

혹시 어류의 체액 농도가 얼마나 되는지 알고 있나요? 정답은 해수어,

담수어 관계없이 모두 담수보다는 진하고 해수보다는 옅습니다. 삼투압의 원리에 따르면 이러한 담수어의 체내에 물이 들어오게 되면 완전히 부풀어 올라 잔뜩 부풀은 복어 같은 모양새가 되겠지요. 이때 활약하는 기관이 바로 콩팥입니다. 콩팥은 재빨리 움직여 물을 여과하여 소변의 형태로 체외 배출이 이루어지도록 돕습니다.

한편 해수어는 어떨까요? 삼투압 원리에 따르면 체외로 모든 물이 빠져 나가버려 건어물이 되어야 할 것입니다. 그러나 해수어는 바닷물을 마신 뒤 물만 체내에서 흡수하고 염분은 아가미로 뱉습니다.

그렇다면 연어처럼 해수와 담수 양쪽에서 사는 어류는 해수어라고 해야 할까요, 아니면 담수어라고 해야 할까요? 여기서는 알이 관건입니다. 연어의 알은 크기가 크고 다른 어류에 비해 개수가 극단적으로 적습니다. 게다가 알의 비중이 해수어보다 작을뿐더러 점성도 없지요.

이런 알을 바다에 낳는다면 힘없이 떠다니다 다른 물고기의 먹잇감이 되기 좋습니다. 그래서 연어는 물결이 잔잔한 강 상류로 거슬러 와 바위 뒤편 바닥에 알을 숨겨놓습니다. 연어는 이렇게 담수에서 산란하여 부화하는 것을 전제로 하기 때문에 담수어로 분류되어 있습니다.

참고로 민달팽이에 소금을 뿌리면 죽는다(작아진다)는 말도 있는데, 이에 대해 민달팽이의 세포막이 반투과막이라서 체액이 세포 밖으로 분비되기 때문이라고 설명하는 경우가 많습니다. 그러나 사실은 수분이 빠져나갔기 때문이 아니라 민달팽이가 스스로 외부의 점액질 부분을 탈피하는 방어반응을 보였기 때문입니다. 따라서 민달팽이의 이런 습성은 삼투압 현상과는 관련이 없습니다.

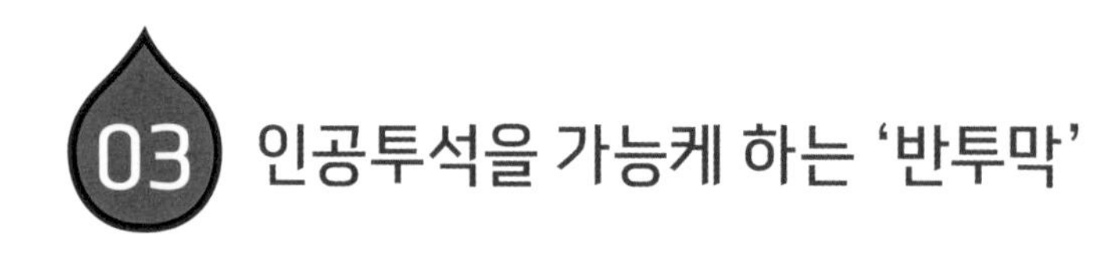

03 인공투석을 가능케 하는 '반투막'

반투막

일정한 크기 이하의 분자 또는 이온만 투과시키는 막

바로 앞에서 삼투압에 대해 설명하면서 반트호프의 법칙과 반투막의 메커니즘을 함께 다루었습니다. 특히 어류의 생태는 흥미로운 주제였지요.

그런데 사실 반투막이 대활약하는 곳은 바로 의학 분야입니다. 반투막은 우리의 생명을 구하는 중요한 역할을 하고 있습니다. 이번에는 반투막이 어떻게 활용되고 있는지를 인공투석이라는 실제 사례를 통해 살펴보도록 하겠습니다.

반투막을 통과하지 못하는 물질이란

'반투막'은 어떤 물질은 통과하고 어떤 물질은 통과하지 못하는 막입니다. 요컨대 '작은 분자는 통과하지만 큰 분자는 통과하지 못하는 막'이라고 할 수 있습니다.

하지만 이것만으로 '반투막은 물은 통과시키지만 소금이 이온화하여 발생하는 나트륨이온 Na^+, 염소이온 Cl^-는 통과시키지 못한다'에 대해서는 설명이 불가능합니다. '채소의 분자막을 물은 통과하지만 소금 등의 이온류는 통과하지 못한다'도 마찬가지입니다. 이 현상은 분자의 크기만으로 설명하는 데는 한계가 있습니다. 반트호프의 법칙도 반투막은 용매 분자는 통과하지만 이온 등의 용질은 통과하지 못한다고 지적했지요.

그래서 일반적으로 '반투막이란, 일정한 크기 이하의 분자 또는 이온만을 투과시키는 막'이라고 보는 것이 보통입니다. 그럼 반투막이 의료 현장에서 이온과 함께 어떤 활약을 하는지 알아볼까요?

인공투석에서 반투막의 역할

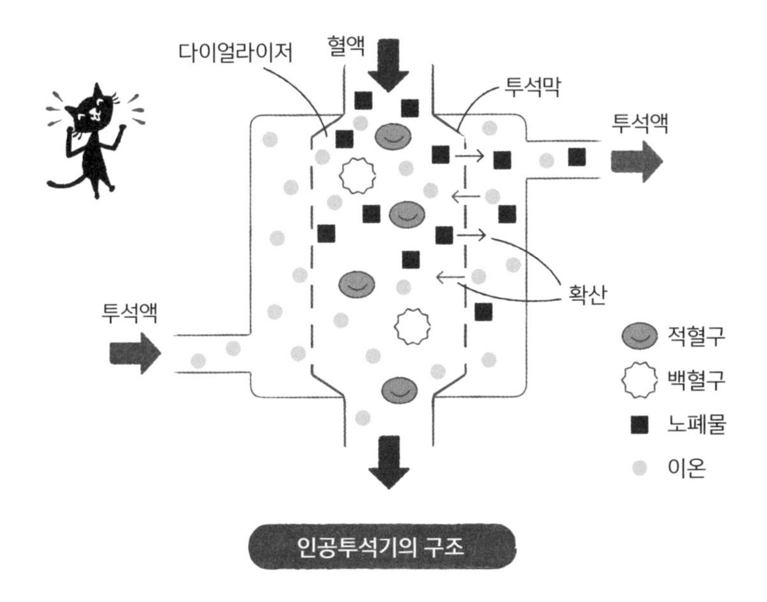

인공투석기의 구조

반투막으로 구획된 두 종류의 용액은 그 성분의 농도에 따라 반투막을 통과하여 분자와 이온을 주고받을 수 있습니다. 신장질환 환자들이

받는 **인공투석(혈액투석)**은 이 막을 이용한 것입니다.

신장이 나빠지면 다양한 장애가 나타납니다. 이때 치료법 중 하나가 인공투석입니다. 인공투석기는 투석막이라는 특수한 막으로 만든 얇은 관(다이얼라이저)을 투석액이 담긴 용기에 담그고 이 관으로 환자의 혈액을 여과하는 방식으로 작동합니다.

우선 환자의 혈관을 다이얼라이저 입구에 연결하여 혈액을 흐르게 한 후 동시에 반대편으로부터 투석액을 혈액과 반대 방향으로 흘려보내면, 혈액이 다이얼라이저를 통과하는 동안 반투막을 사이에 두고 투석액과 만납니다. 이 과정을 통해 깨끗해진 혈액은 다시 환자의 체내로 돌아갑니다.

투석막은 반투막의 일종으로 아주 미세한 체라고 생각해도 무방합니다. 적혈구와 백혈구처럼 큰 물질은 통과하지 못하지만 물 등의 작은 분자는 통과합니다.

투석액은 생체의 기능을 유지하고 조절하기 위해 필요한 각종 이온과 소분자를 녹인 수용액입니다. 혈구는 '반투막으로 싸인 액체'라고 볼 수 있고요. 혈액 안에는 여러 성분이 들어 있으므로 삼투압이 높은 상태입니다. 이 혈구를 삼투압이 낮은 액체, 예를 들어 물속에 넣으면 어떻게 될까요? 혈구 안에 물이 들어가 부풀어 오르며 곧 파열되어 버릴 것입니다.

반대로 고농도의 식염수처럼 삼투압이 높은 액체에 넣으면 혈구에서 수분이 빠져나가 쭈글쭈글해집니다. 이와 같은 일이 일어나지 않도록 투석액의 삼투압은 혈액과 똑같이 유지합니다. 이것을 '등장액'이라고 합니다.

▲ 반투막으로 노폐물을 제거하고 영양분을 공급한다

인공투석기의 기능은 크게 세 가지로 나눌 수 있습니다. 첫째, 혈액에서 수분을 제거하고 둘째, 혈액 속의 노폐물 등 유해물질을 제거하며 셋째, 생체에 필요한 각종 영양분과 이온을 공급하는 것입니다.

투석을 하는 첫 번째 목적은, 신장 기능이 약해져 수분을 제대로 배출하지 못해 수분량이 많아진 환자의 혈액에서 불필요한 수분을 제거하기 위함입니다. 투석액은 혈액과 삼투압이 같은 등장액이므로 혈액에서 직접 물을 빼앗는 능력은 없습니다. 혈액에서 수분만을 여과하는 여과지의 역할을 맡습니다.

수분을 여과할 때는 혈액과 투석액에 걸리는 압력을 변경합니다. 다이얼라이저의 출구 쪽 지름을 가늘게 만들어 혈액의 압력을 높이거나 음압(흡인력)을 주어 투석액의 압력을 낮추는 것이지요. 그러면 혈액 쪽에서 투석액 쪽으로 수분이 스며나가게 됩니다.

한편 노폐물은 혈액 쪽에만 있고 투석액에는 없습니다(혈액 쪽의 노폐물의 농도가 높다). 그러므로 노폐물은 투석막을 통해 투석액 쪽으로 이동합니다. 이것은 농도가 높은 곳에서 낮은 곳으로 이동하는 현상 때문입니다.

반대로 환자에게 필요한 영양분과 각종 이온은 투석액 쪽의 농도가 높습니다. 따라서 투석막을 통과해 혈액 쪽으로 이동합니다.

이처럼 인공투석은 삼투압을 이용해 혈액의 노폐물을 제거하여 깨끗하게 만드는 동시에 인체에 필요한 이온을 공급하는 기능을 합니다.

04 우리의 신체를 구성하는 '천연 고분자'

천연 고분자

당질, 단백질, DNA 등 생체를 구성하는 고분자를 말한다.

'인간의 몸은 무엇으로 만들어졌을까?'라는 질문을 받는다면 어떤 답을 할 건가요? 아마도 '뼈니까 칼슘 아닌가?' 하는 답변이 주를 이룰 겁니다. 우리 눈에 바로 들어오는 것은 물론 뼈가 구성하고 있는 골격이지만, 인간(생물) 몸의 주요 부분은 탄소와 수소로 이루어져 있습니다. 즉, 유기물인 것이지요.

인간의 신체를 구성하는 유기물의 종류는 다양합니다. 특히 다당류(전분, 셀룰로스 등), 단백질(근육, 콜라겐, 헤모글로빈 등), 핵산(DNA, RNA 등)은 모두 **'천연 고분자'**라고 불리는 고분자입니다. 그런 의미에서 본다면, 우리는 고분자 덕분에 살아가고 있다고 말할 수도 있습니다. 참고로 고분자란, 구조가 단순한 '단위분자'가 여러 개 연결된 분자를 말합니다.

▲ '천연 고분자'가 변이를 일으키면……

인간은 물론, 생물체의 몸을 구성하고 있는 천연 고분자 가운데 대표적인 것이 바로 **단백질**입니다. 너무나 쉽게 만날 수 있는 물질이라 오히려 관심이 덜 갈 수 있지만, 단백질도 아미노산을 단위분자로 가진 어엿한 고분자입니다. 아미노산에는 많은 종류가 있는데 단백질을 만드는 것은 20종류로 한정적입니다.

단백질의 구조는 입체적이고(당연하겠지만) 복잡하며 정확합니다. 종이학의 구조보다 더 복잡합니다. 물론 같은 단백질은 모두 같은 모양으로 접혀 있습니다. 만약 틀리게 접혀 있다면 그 단백질은 정식 단백질로서 제대로 된 역할을 하지 못합니다. 오히려 해를 끼칠 뿐입니다.

이런 이야기를 하는 이유는 실제 사례가 있기 때문입니다. 그 유명한 광우병(소의 해면상뇌증)이 대표적인 예입니다. 광우병의 원인은 독극물도 바이러스도 아닙니다. 정식 단백질인 프리온(prion)이 이상한 방식으로 접혀 있기 때문에 발생한 것입니다.

▲ DNA를 만드는 뉴클레오타이드는 '감칠맛'의 성분

생물의 몸을 이야기할 때 빼놓을 수 없는 물질이 하나 있습니다. 바로 '핵산'입니다. DNA, RNA라고 불리는 물질이지요. DNA는 모세포에서 자세포로 유전정보를 전달합니다. 즉 DNA는 부모의 형질을 자식에게 전달하는, 유전의 본질적인 부분을 담당하고 있습니다. 이에 비해 RNA는 단백질을 만드는, 말하자면 현장에서 일하는 실행대원들이라고 할 수 있습니다.

DNA와 RNA는 왜 고분자일까요? '뉴클레오타이드'라는 단위분자가 여러 개 연결된 천연 고분자이기 때문입니다. 뉴클레오타이드라는 이름은 화학과 친한 사람만 아는, 일상에서는 전혀 들을 기회가 없는 단어라고 생각하겠지요. 그렇지만 가다랑어 포의 감칠맛을 내는 이노신산이나 표고버섯의 감칠맛을 내는 구아닐산이라는 이름은 들어보신 적이 있을지 모르겠습니다. 이들 물질이 바로 뉴클레오타이드의 일종입니다.

오늘 저녁 가족들이 "국이 참 맛있다!"라고 말한다면 "DNA의 뉴클레오타이드를 써서 그래"라며 요리용어 대신 화학용어로 유창하게 설명해 보는 것도 재미있지 않을까요?

사막 녹지화에 이용하는 '기능성 고분자'

고흡수성 고분자·기능성 고분자

인간의 삶을 특히 편리하게 만들어주는 고분자. 이를 이용해 고흡수성, 이온교환 등 다양한 기능에 특화된 제품을 만들고 있다.

'기능이 없는 고분자'는 세상에 존재하지 않습니다. PE나 PVC도 흔해 빠졌다고 생각이 들 정도로 반찬 포장용기나 바구니 등으로 만들어져 우리 생활을 편리하게 돕고 있습니다.

하지만 고분자 가운데는 어떤 기능에 특화되어 그 탁월한 성질이 우리의 삶에 크게 도움을 주는 것들이 있습니다. 이런 물질을 **'기능성 고분자'**라고 합니다.

기능성 고분자 중에서도 최고는 앞서 소개한 '천연 고분자'입니다. 천연 고분자인 단백질의 효소 기능, DNA의 유전 기능 등에 관해 인간은 그 기능을 해석할 수는 있어도 최초의 발생에 대해서는 신이 관여하는 일이라고밖에 설명할 도리가 없습니다.

▲ 고흡수성 고분자의 대단한 기능

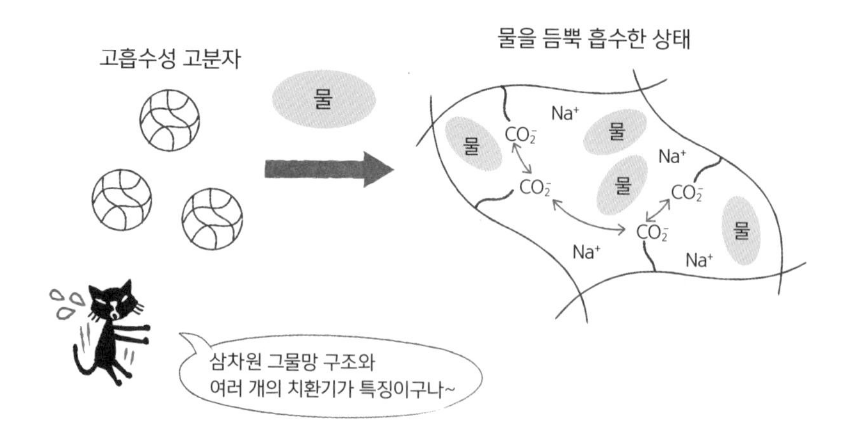

고흡수성 고분자는 종이기저귀와 생리용품 등으로 널리 알려진 고분자입니다. '물을 흡수한다'는 기능이 있으므로 타올, 행주, 휴지 등에도 활용할 수 있습니다. 하지만 자기 무게의 1,000배나 되는 물을 흡수한다면 아무리 특화된 타올이나 행주라도 쩔쩔매지 않을까요?

천과 종이가 물을 흡수할 수 있는 이유는 무엇일까요? 많은 사람들은 그 이유를 '모세관 현상'에서 찾습니다. 맞는 말이지만 그것은 '현상'에 지나지 않습니다. '모세관은 물을 흡수한다'보다는 '왜 (모세관 현상이 일어나) 흡수하는가?'를 설명하는 편이 화학의 법칙과 원리를 다루는 이 책의 의도에 부합하겠지요.

그렇다면 모세관 현상이 일어나는 이유는 무엇일까요? 바로 모세관의 기벽과 물 분자 사이의 분자 간 힘이라는 인력 덕분입니다(분자 간 힘에 관한 설명은 다음에 설명하기로 하지요).

▲ 사막 녹지화에 필요한 비장의 카드

자기 무게의 1,000배나 되는 물을 어떻게 흡수할 수 있을까요? 고흡수성 고분자의 구조에는 두 가지 커다란 특징이 있습니다. 그중 하나는 삼차원의 그물망 구조입니다. 그 덕분에 분자 간 힘으로 흡착된 물 분자는 그물망 구조로 둘러싸여 도망갈 수 없습니다.

또 한 가지 특색은 여러 개의 치환기를 가지고 있다는 점입니다. 물을 흡수하면 이 치환기가 이온화되고, 이온화된 치환기(마이너스 전하)는 정전반응(마이너스 전하끼리)의 힘에 따라 서로 멀어집니다. 그 결과 그물망 구조는 시간이 지날수록 벌어져 더욱 많은 양의 물 분자를 흡수할 수 있게 되지요. 이런 현상이 반복되면서 다량의 물을 빨아들이고 머금을 수 있습니다.

고흡수성 고분자의 용도는 종이기저귀뿐만이 아닙니다. 이것을 사막에 묻고 그 위에 나무를 심으면 식물에 물을 주는 급수 간격을 크게 늘릴 수가 있습니다. 고흡수성 고분자는 사막의 녹지화사업에도 큰 도움이 됩니다.

▲ 이온교환 고분자는 마법의 파이프

인류에 크게 기여하고 있는 기능성 고분자 중에 **'이온교환 고분자(이온교환수지)'** 역시 잊어서는 안 됩니다. 이온교환 고분자는 특정 이온을 다른 이온으로 교환하는 고분자를 말합니다. 쉬운 예로는 나트륨이온(Na^+)을 수소이온(H^+)으로, 염소이온(Cl^-)을 수산화이온(OH^-)으로 바꾸는 기능이 있습니다.

이 고분자는 바다에서 조난당했을 때 큰 역할을 합니다. 바다에 엄청

난 양의 물이 있어도 마실 수 없는 이유는 바닷물이 소금, 즉 Na^+와 Cl^-를 함유하고 있기 때문입니다. 이온교환 고분자는 이것을 H^+와 OH^-라는 이온으로 치환함으로써 해수를 담수로 만들 수 있습니다.

이온교환 고분자에는 두 종류가 있습니다. 하나는 양이온인 Na^+ 등을 같은 양이온인 H^+ 등으로 바꾸는 양이온교환 고분자이고 또 하나는 음이온인 Cl^- 등을 같은 음이온인 OH^- 등으로 바꾸는 음이온교환 고분자입니다. 이 두 가지를 파이프로 제작하여 위쪽에서 바닷물을 내려보내면 아래쪽에서는 민물이 나오게 됩니다. 그야말로 마법의 파이프지요.

이 담수화 장치의 포인트는 동력과 에너지가 전혀 불필요하다는 점입니다. 이 장치가 구명보트에 실려 있다면 얼마나 마음이 든든할까요? 해안 가까이의 피난소에서는 마실 물 부족으로 고민하는 일도 사라질 것입니다.

그러나 이 고분자의 능력도 무한하지는 않습니다. 고분자가 가지고 있는 H^+, OH^- 이온이 모두 Na^+, Cl^- 이온으로 치환되면 고분자의 이온교환 능력은 고갈되기 때문이지요.

하지만 안심하셔도 됩니다. 이 능력이 소진되더라도 양이온교환 고분자에는 염산 HCl을, 음이온교환 고분자에는 수산화나트륨 수용액 NaOH를 흡수시키면 원래의 기능을 회복하여 처음처럼 다시 바닷물을 민물로 바꿀 수 있으니까요.

'분자 간 힘'이 생명을 만든다

분자 간 힘

분자와 분자 사이의 틈에서 작용하는 힘

목욕탕에서는 얼굴과 몸에 비누로 거품을 내어 몸에 붙어 있던 때를 씻어냅니다. 부엌에서는 그릇을 닦는 데 식기용 세제를 사용하고, 세탁기에는 세탁용 세제를 넣어 옷을 깨끗하게 빱니다. 이렇게 매일 사용하는 비누와 세제는 어떻게 더러움을 제거하는 걸까요?

비누와 세제에 함유된 '계면활성제'라는 물질은 물과 사이가 좋은 부분(친수성)과 기름과 사이가 좋은 부분(친유성, 소수성) 이 둘을 모두 가지고 있습니다. 이 물질의 친수성 부분이 먼저 나서서 사이사이에 물과 함께 들어가면, 다음 차례로 소수성 부분이 오염된 곳과 결합하여 때를 감싸서 데리고 나오듯이 제거합니다.

감싸고 있다는 것은 다음 페이지의 그림처럼 되어 있다는 뜻인데, 여기에는 생체 내의 세포처럼 '분자 간 힘'이라고 불리는 힘이 작용하기 때문입니다.

▲ 물에 녹기도 하고 녹지 않기도 하는 양친매성 분자

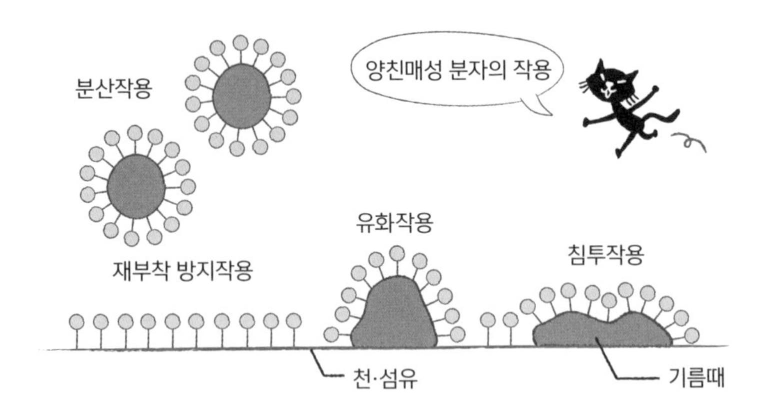

분자에는 식염, 염화나트륨처럼 물에 녹는 **'친수성 분자'**와 석유처럼 물에 녹지 않는 **'소수성 분자'**가 있습니다. 소수성 분자는 '친유성 분자'라고 불리기도 합니다.

그런데 정말 신기하게도 제법 많은 수의 분자가 친수성과 소수성 부분 양쪽 모두를 가지고 있습니다. 그런 특이한 분자를 **'양친매성 분자(계면활성제)'**라고 부릅니다.

세제의 분자는 이 양친매성 분자의 전형적인 예로, 우리는 그 특성을 효과적으로 활용하고 있습니다. 세제는 탄화수소로 구성된 소수성 부분과 이온으로 구성된 친수성 부분을 모두 가지고 있습니다. 보통 친수성 부분을 동그라미로, 소수성 부분을 꼬리처럼 생긴 직선으로 표기합니다.

양친매성 분자를 물 안에 넣으면 친수성 부분은 물속으로 들어가지만 소수성 부분은 물속에 들어가는 것을 싫어합니다. 그 결과 어떻게 될까요? 양친매성 분자는 거꾸로 선 듯한 형태로 수면에 머무릅니다.

분자의 개수를 아주 많이 늘리면 수면은 분자로 빼곡하게 덮입니다. 이 상태의 분자 그룹은 마치 막처럼 보이기 때문에 '분자막'이라고 불립니다. 분자막을 구성하는 분자 사이에 결합은 없습니다. 일반적으로 **'분자 간 힘'**이라고 불리는 매우 약한 인력만 있을 뿐입니다.

분자 간 힘은 매우 약하기 때문에 계속해서 분자막의 형태로 뭉쳐 있지 못하는데, 심지어 아무렇지도 않게 그룹에서 떨어져 나가는 분자도 있습니다. 하지만 떨어져 나간 후 바로 돌아오기도 하는 등 자유자재로 움직입니다.

비눗방울의 정체

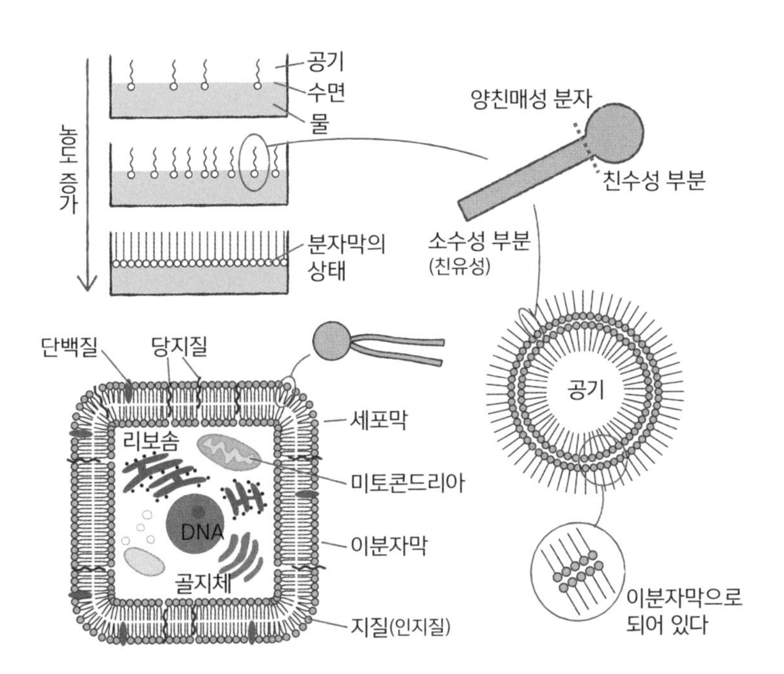

분자막 중에 막이 한 장으로 되어 있는 막을 '단분자막', 두 장 이상을 '이분자막', 여러 장이 겹쳐 있는 막을 '누적막(또는 개발자의 이름을 따서 LB막)'이라고 부릅니다.

동그란 비눗방울도 분자막의 일종입니다. 이때 동그란 단분자막으로 된 것을 '미셀(micelle)', 이분자막으로 된 것을 '베시클(vesicle)'이라고 하며 후자가 바로 비눗방울입니다. 두 장의 막이 마주하고 있는 곳에 친수기가 있어 물 분자는 그 사이에 끼게 됩니다. 방울 내부는 공기라서 비눗방울은 터지기 쉽습니다. 그러면 원래의 비누분자로 돌아가고 또 다시 비눗방울이 되기도 합니다.

▲ 세포막이야말로 생명체의 증거

조금 거창한 이야기이긴 하지만 '생명체인가? 생명체가 아닌가?'는 무엇으로 구분할 수 있을까요? 정답은 '세포막을 가지고 있는가, 아닌가?'로 결정됩니다. 바이러스는 세포막이 없기 때문에 생명체가 아니라고 판단할 수 있습니다.

이 세포막이야말로 인지질이라는 친양매성 분자로 된 베시클(구 형태의 이분자막)입니다. 인지질은 한 개의 친수성 부분과 두 개의 소수성 부분이 있는 분자입니다. 즉, 꼬리가 두 개 있는 것이지요.

세포막에는 베시클의 기본 부분에 많은 불순물(주로 지질, 콜레스테롤, 단백질)이 끼어 있습니다.

세포에 영양분이 다가가면 세포막은 홈을 형성하여 영양분을 받아들이면서 홈을 더 깊게 만들어 세포 안으로 데리고 들어옵니다. 세포 내의 노폐물은 이와 반대 순서로 세포 밖으로 배출됩니다. 비누분자가 오염물을 옮기는 과정과 닮아 있지요.

DDS는 '의약품의 체내 택배편'

이처럼 분자막은 매우 근본적인 부분이라서 특히 의료 관련 분야에 활용되는 경우가 많습니다. DDS(Drug Delivery System, 약물 전달 시스템) 등에도 활용되고 있지요.

DDS는 '의약품의 체내 택배편'과 같은 것입니다. 예를 들어 항암제에는 건강한 세포까지 공격하는 부작용이 있습니다. 이런 일이 발생하지 않도록 암 세포만을 겨냥하여 항암제를 투여하도록 하는 것이 DDS를 활용할 수 있는 사례입니다.

분자막을 활용한 DDS는 우선 베시클 안에 항암제를 주입·봉인한 뒤 베시클의 분자막에 암세포의 암 단백질 등을 심습니다. 그러면 암 단백질이 안테나 역할을 하면서 DDS 베시클을 암세포 쪽으로 유도하는 원리입니다.

07 체내 화학공장을 제어하는 '효소'

효소

생체 내에서 일어나는 다양한 화학반응에 반응하여 촉매작용을 하는 분자

일선 공장에서는 촉매가 다양한 화학반응의 주역 또는 조연으로 활약하고 있습니다. 촉매는 반응속도를 올려 높은 효율을 달성할 수 있도록 하는데, 생체 내에서도 비슷한 유기화학반응이 일어나고 있습니다. 생물은 그 반응을 통해 먹은 것을 산화·분해시킨 뒤 생명활동에 필요한 에너지로 꺼내 쓰고 호르몬 등의 화학물질을 만들어냅니다. 즉, 생체는 화학실험실 또는 화학공장과 비슷하다고 할 수 있지요.

만약 이런 유기화학반응을 실험실 또는 공장에서 실현하려고 한다면, 산과 염기 등의 촉매는 물론 100℃ 이상, 수십 기압 이상의 고온·고압 아래 몇 시간씩 가열하는 일이 드물지 않게 일어날 겁니다.

그런데 똑같은 유기화학반응이라도 생체는 30℃가 조금 넘는 체온에서 효율이 올라갑니다. 이것은 **'효소'**라는 물질이 반응을 돕기 때문입니다. 효소는 단백질인데, 효소의 작용은 공장 등에서 사용하는 촉매와 완전히 똑같습니다. 즉, 효소는 단백질로 만든 촉매인 것입니다.

효소는 체내에서 대단한 일을 합니다. 이미 말씀드린 대로 호르몬을 생성하고 세포분열을 촉진하고 상처를 회복하고(대사효소), 음식의 소화를 돕는(소화효소) 것도 모두 효소의 작용 덕분입니다.

▲ 몇 번이고 쓸 수 있는 효소

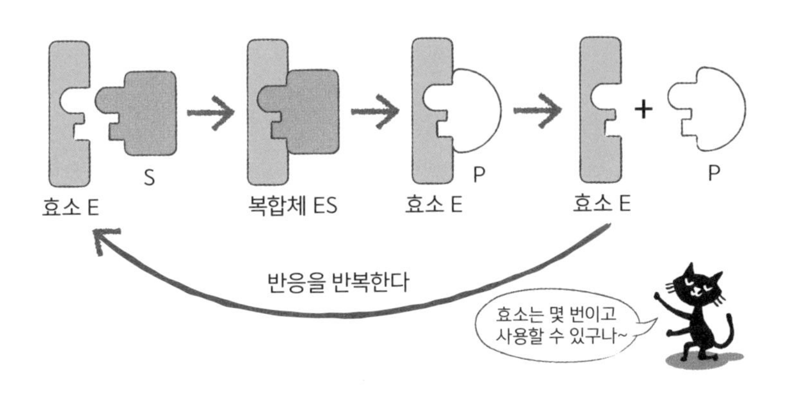

효소가 어떻게 작용하는지 그 메커니즘을 잠시 살펴보면 다음과 같습니다. 위의 그림처럼 우선 효소 E가 반응의 출발물질인 S와 결합해 복합체 ES를 만듭니다. 이 상태로 S는 화학반응을 통해 생성물 P로 바뀝니다. 그 결과 ES는 EP가 됩니다. 그러면 EP는 분해하여 원래 있던 효소 E와 P가 됩니다. 즉, 효소 E는 전혀 변화하지 않은 상태에서 원래대로 돌아오는 것이지요. 그래서 E는 다른 S와 결합하여 같은 반응을 반복할 수 있습니다. 이와 같은 반응을 몇 만 번이고 몇 억 번이고 거듭할 수 있는 겁니다.

효소의 작용은 외과 수술대와 같습니다. 반응하는 분자 S를 특정 위치와 방향에 고정시켜 반응이 일어나기 쉽도록 돕습니다. 두 개의 분자가 반응하려면 서로 충돌해야 합니다. 충돌이라고 말씀드렸지만 아무 곳이나 부딪친다고 되는 것은 아닙니다. 원하는 반응을 일으키려면 분자의 특정 위치를 목표로 충돌시켜야 합니다.

반응용액 안에 있는 분자는 활발한 아이처럼 시종일관 쉬지 않고 계속 움직입니다. 따라서 분자의 특정 위치에 충돌시키기란 쉽지 않습니다. 하지만 분자가 수술대에 고정되어 있다면 이야기는 달라지겠지요. 이 수술대의 역할을 하는 것이 효소입니다.

▲ 효소에는 어떤 특징이 있나

효소반응에는 몇 가지 특징이 있는데, 가장 큰 특징은 특정한 기질의 반응에만 효과가 있다는 점입니다. 그래서 인체에는 수 천 개의 효소가 존재한다고 알려져 있습니다. 이것을 **'열쇠와 자물쇠 원리'**라고 부릅니다.

효소의 또 한 가지 특징은 효율적으로 작용하는 조건이 한정되어 있다는 것입니다. 혹은 그 조건을 벗어나면 효소의 작용이 사라진다고 해서 '활성 상실'이라고 부르기도 하지요. 온도를 지나치게 높이거나 산과 알코올로 처리하거나 하면 효소가 수명을 다해 효소로서의 기능이 사라집니다. 이것은 효소가 단백질의 일종이라는 데 원인이 있습니다.

단백질은 앞서 살펴보았듯이 복잡하지만 정확하게 접혀 있습니다. 그러나 접혀 있는 구조를 만들고 유지하고 있는 것은 매우 약한 힘입니다. 그러므로 가열 또는 산·염기의 강한 작용을 더하면 접혀 있는 구조가 망가지고 맙니다.

그 결과 단백질의 입체구조는 회복 불가능한 정도까지 파괴되어 버립니다. 이것이 단백질의 변성입니다. 달걀을 익혀서 삶은 달걀로 만들면 식더라도 원래의 날달걀로는 돌아가지 않는 것도 이런 이유 때문이지요. 화상도 마찬가지입니다.

효소도 단백질로 되어 있기 때문에 특정한 조건에서는 활성을 발휘하더라도 그 이외의 조건에서는 접혀 있는 구조가 파괴되어 활성을 잃습니다. 이것이 효소와 촉매의 가장 큰 차이점입니다.

Column

'선조들의 지혜'는 화학의 지혜

소량으로도 목숨을 앗아가는 물질, 바로 '독'입니다. 독극물에는 다양한 종류가 있습니다. 광물질의 비소·청산가리(시안화칼륨), 식물질의 아코니틴(투구꽃)·코닌(독당근), 동물질의 테트로도톡신(복어)·바트라코톡신(독화살개구리) 등 생각지도 못한 곳에 존재합니다.

인류는 탄생부터 독의 위협 속에서 독과 함께 살아왔습니다. 그만큼 독성을 구별하고 피하고 제거하는 지혜를 익혀왔습니다. '선조들의 지혜'라고 하지요.

맛있는 산나물인 고사리는 타킬로사이드라는 독성을 함유하고 있습니다. "독이 있다지만 별일 있겠어요? 이미 다들 먹는데"라고 말할지도 모르겠네요. 하지만 방목된 소가 고사리를 먹으면 혈뇨를 보거나 쓰러질 정도로 독성이 매우 강합니다. 급성 중독은 넘긴다고 해도 여전히 발암의 우려는 남아 있는 만큼 이중으로 무서운 독입니다.

하지만 우리는 아무렇지 않게 고사리를 먹고 있지만 별 이상이 없습니다. 여기서 '선조들의 지혜'가 빛을 발합니다. 고사리를 먹을 때 산에서 따온 것을 그대로 먹는 일은 없습니다. 반드시 쓴맛을 제거해야 합니다. 옛날 같으면 재를 녹인 잿물을 희석한 물에 하룻밤 담가놓았겠지요.

잿물은 염기성입니다. 고사리를 잿물에 담가두면 타킬로사이드가 가수분해되어 독성이 제거됩니다. '선조들의 지혜'는 결국 화학의 지혜인 것입니다.

PART 5

원소를 알면 화학에 강해진다

01 '주기율'로 알아보는 원소의 성질

이번에는 화학을 이루는 기초인 '원소'에 대해 살펴보고자 합니다. 각각의 원소가 어떤 역할을 하는지, 어떻게 활약하고 있는지 알아볼까요?

우선 원소의 총정리라고도 할 수 있는 **'주기율표'**를 살펴봅시다. 주기율표를 통째로 암기할 필요는 없습니다. 어느 정도 원소의 경향, 성질, 특징 등을 알아두면 그것만으로도 충분합니다.

전체 원소의 수는 이름이 아직 정해지지 않은 것을 포함하면 현재 118개가 있습니다. 그러나 지구상에 안정적으로 존재하는 원소만을 생각하면 90개라고 기억해두어도 무방합니다.

원소는 고유의 성질과 반응성을 지니고 있는데, 90개의 원소가 저마다 완전히 별개의 존재는 아닙니다. 어떤 그룹의 원소는 서로 닮아 있습니다. 이런 현상을 바탕으로 원소를 정리하여 표로 배치한 것이 주기율표입니다.

▲ 원소 달력

원자에는 여러 종류가 있습니다. 당연히 원자량이 큰 것도 작은 것도 있습니다. 이들 원자를 원자량이 작은 순으로 나열해보면 어떻게 될까요? 해볼 수는 있겠지만 그저 90개의 원소를 단순히 늘어놓는 것뿐이겠지요. 그렇다면 보기 쉬운 표로 만들려면 어떻게 해야 할까요? 일단 적당한 곳에서 자르고 다음 줄로 넘겨야 합니다.

가장 좋은 견본이 달력입니다. 주기율표는 말하자면 원소를 마치 달력처럼 원자번호 순으로 나열하여 정리한 것입니다.

▲ 주기율표가 미지의 원소를 예언했다

러시아의 화학자 멘델레예프가 주기율표의 발명자로 알려진 것은, 그 전까지 단순히 원소의 크기 순서대로 늘어놓았던 것을 합리적인 길이로 잘라서 정리한 업적을 인정받았기 때문입니다. 더군다나 그는 이 주기율표의 마법에 힘입어 지금껏 알려지지 않은 미지의 원소가 존재하며 언젠가 그 원소들이 모습을 드러내리라 예언했습니다.

예컨대 달력에서 어떤 달의 두 번째 주는 월요일부터 일요일까지 3(월), 4(화), 5(수), 6(목), 7(금), 8(토), 9(일)로 제대로 쓰여 있는데, 세 번째 주는 10(월), 11(화), 13(목), 14(금), 15(토), 16(일)로 되어 있다고 가정해봅시다. 우리는 이 달력을 보면서 분명 12일이 빠져 있다는 사실과 그날이 수요일이라는 사실을 바로 짐작할 수 있습니다.

실제로 1875년에 이런 방법을 통해 갈륨(원자번호 31번), 1879년에 스칸듐(21번), 1886년에 저마늄(32번)이라는 새로운 원소가 잇따라 발견되었습니다. 정말로 놀라운 일이지요.

주기 \ 족	1	2	3	4	5	6	7	8	9	10	11	12	13	14	15	16	17	18
1	1 H 수소																	2 He 헬륨
2	3 Li 리튬	4 Be 베릴륨											5 B 붕소	6 C 탄소	7 N 질소	8 O 산소	9 F 플루오린	10 Ne 네온
3	11 Na 나트륨	12 Mg 마그네슘											13 Al 알루미늄	14 Si 규소	15 P 인	16 S 황	17 Cl 염소	18 Ar 아르곤
4	19 K 칼륨	20 Ca 칼슘	21 Sc 스칸듐	22 Ti 타이타늄	23 V 바나듐	24 Cr 크로뮴	25 Mn 망가니즈	26 Fe 철	27 Co 코발트	28 Ni 니켈	29 Cu 구리	30 Zn 아연	31 Ga 갈륨	32 Ge 저마늄	33 As 비소	34 Se 셀레늄	35 Br 브로민	36 Kr 크립톤
5	37 Rb 루비듐	38 Sr 스트론튬	39 Y 이트륨	40 Zr 지르코늄	41 Nb 나이오븀	42 Mo 몰리브데넘	43 Tc 테크네튬	44 Ru 루테늄	45 Rh 로듐	46 Pd 팔라듐	47 Ag 은	48 Cd 카드뮴	49 In 인듐	50 Sn 주석	51 Sb 안티모니	52 Te 텔루륨	53 I 아이오딘	54 Xe 제논
6	55 Cs 세슘	56 Ba 바륨	란타넘족	72 Hf 하프늄	73 Ta 탄탈럼	74 W 텅스텐	75 Re 레늄	76 Os 오스뮴	77 Ir 이리듐	78 Pt 백금	79 Au 금	80 Hg 수은	81 Tl 탈륨	82 Pb 납	83 Bi 비스무트	84 Po 폴로늄	85 At 아스타틴	86 Rn 라돈
7	87 Fr 프랑슘	88 Ra 라듐	악티늄족	104 Rf 러더포듐	105 Db 더브늄	106 Sg 시보귬	107 Bh 보륨	108 Hs 하슘	109 Mt 마이트너륨	110 Ds 다름슈타튬	111 Rg 렌트게늄	112 Cn 코페르니슘	113 Uut 우눈트륨	114 Fl 플레로븀	115 Uup 우눈펜튬	116 Lv 리버모륨	117 Uus 우눈셉튬	118 Uuo 우누녹튬
전하	+1	+2	복잡									+2	+3		−3	−2	−1	
명칭	알칼리금속	알칼리토류금속										아연족	붕소족	탄소족	질소족	산소족	할로겐족	비활성기체
	전형원소		전이원소									전형원소						

레어메탈 / 레어어스

*레어어스 17종은 '희토류'라고도 불리며 전부 레어메탈에 포함된다.

란타넘족	57 La 란타넘	58 Ce 세륨	59 Pr 프라세오디뮴	60 Nd 네오디뮴	61 Pm 프로메튬	62 Sm 사마륨	63 Eu 유로퓸	64 Gd 가돌리늄	65 Tb 터븀	66 Dy 디스프로슘	67 Ho 홀뮴	68 Er 어븀	69 Tm 툴륨	70 Yb 이터븀	71 Lu 루테튬
악티늄족	89 Ac 악티늄	90 Th 토륨	91 Pa 프로탁티늄	92 U 우라늄	93 Np 넵투늄	94 Pu 플루토늄	95 Am 아메리슘	96 Cm 퀴륨	97 Bk 버클륨	98 Cf 칼리포늄	99 Es 아인슈타이늄	100 Fm 페르뮴	101 Md 멘델레븀	102 No 노벨륨	103 Lr 로렌슘

주기율표를 읽어보자

주기율표에는 많은 종류가 있습니다. 여기서 소개할 것은 그중 하나로, 일본 화학 교과서에 실린 '장주기율표'입니다. 30년 전 교과서에서는 '단주기율표'만 소개했습니다. 지금은 나선형, 원통형, 나아가서는 일부분만 확대된 원통형 주기율표 등 다양한 형태가 고안되어 있습니다.

주기율표에는 기본적인 디자인이 있습니다. 가장 일반적인 '장주기율표'로 예를 들어보면, 제일 윗줄에는 왼쪽에서 오른쪽으로 1~18까지의 **'족 번호'**가 있습니다. 1번 아래에 세로로 배열된 원소를 1족 원소, 2번 아래에 배열된 원소를 2족 원소라고 합니다. 주기율표의 제일 왼쪽에는 위부터 아래로 1~7까지의 **'주기'**가 있습니다. 1번의 오른쪽에 가로로 배열된 원소를 '제1주기 원소'라고 부릅니다.

원소의 족은 달력의 '요일'에 해당합니다. 날짜와 상관없이 일요일은 즐겁고 월요일은 마음이 무거운 것처럼 각각의 족 원소는 그 나름대로 닮은 성질을 지니고 있습니다. 주기는 달력으로 말하자면 몇 주 차인지를 나타낸다고 보면 됩니다.

전형원소와 전이원소

원소는 주기율표의 어디에 위치하는가에 따라 몇 종류로 구분할 수 있습니다. 이것은 화학적 감각을 키우는 데 중요합니다.

'전형원소'는 주기율표의 1~2족, 12~18족으로 양끝 세로줄에 있는 원소를 말합니다. '같은 족의 원소는 비슷한 성질을 지닌다'는 것은 이 전형원소에 해당하는 말입니다. 예를 들어 1족 원소는 1가의 양이온이 되기 쉽고, 2족 원소는 2가의 양이온이 되기 쉬우며, 17족 원소는 1가의 음이온이 되기 쉬운 등의 공통적 성질(전형적 성질)이 있습니다. 다만 전형원소는 상온에서 기체, 액체(수은), 고체 등 존재하는 형태가 제각각입니다. 또한 금속원소, 비금속원소, 반도체 등 실로 다양한 성질의 원소가 존재합니다.

'전이원소'는 주기율표에서 양 끝에 있는 전형원소 사이에 있는 3~11족의 원소를 말합니다. 전이원소라는 이름이 붙은 까닭은 주기율표의 왼쪽부터 오른쪽까지 서서히(전이적) 성질이 변화하기 때문입니다. 그래서 모든 원소의 성질이 비슷합니다. 게다가 모두 금속원소이고, 상온에서 고체로 존재한다는 공통 성질을 지닙니다. 따라서 전이원소는 **'전이금속'**이라고 불리기도 합니다.

02 악마의 얼굴을 가진 '식물의 3대 영양소'

식물의 3대 영양소

질소, 인, 칼륨. 특히 가장 중요한 질소는 여러 폭약의 원료이기도 하다.

생물에게 영양소는 필수입니다. 식물의 경우 그 영양소는 바로 비료가 됩니다. 식물의 3대 영양소(3대 비료)는 질소, 인, 칼륨이지요. 여기서는 그중 질소와 인에 대해 알아봅시다.

▲ 질소는 양날의 검

식물의 3대 영양소 중 하나인 질소는 모든 식물의 성장에 필수불가결하며 특히 줄기를 단단하고 튼튼하게, 잎을 더욱 풍성하게 만드는 역할을 합니다. 질소가 부족하면 줄기는 가늘고 약해지며 잎은 얇아집니다. 하버와 보슈가 개발한 '질소 고정법'은 그런 의미에서 인류를 기아에서 구원했다고 해도 과언이 아닙니다.

그러나 질소에는 부작용도 있습니다. 화학비료로 큰 업적을 세운 것과는 정반대로 매우 폭력적인 성질이 바로 그것입니다. 화학비료는 하버-보슈법을 통해 얻은 1차 생산물인 암모니아를 산화한 질산을 원료로 만듭니다. 질산이라고 하니 어디선가 화약 냄새가 나는 것 같지 않나요? 맞습니다, 폭약입니다. 화학비료 자체가 폭약이자 폭약의 원료인 셈입니다.

폭약은 쉽게 말하면 '급속한 연소'라고 할 수 있습니다. 예컨대 석유스토브는 석유를 천천히 태우기 때문에 난방기구로 기능하지만, 만약 순식간에 태운다면 폭발사고가 일어나겠지요.

물질이 타기 위해서는 산소가 필요합니다. 그런데 폭발적인 연소를 일으키려면 공기 중에 있는 산소만 가지고는 안 됩니다. 연소물 안에 산소를 넣어두어야 합니다.

이때 이용되는 것이 '니트로기(nitro group, $-NO_2$)'입니다. 니트로기는 각 1개당 2개의 산소를 가지고 있습니다. 예컨대, 폭약의 대명사이기도 한 TNT(트리니트로톨루엔)는 1개 분자 안에 6개의 산소가 있으며, 다이너마이트의 원료인 니트로글리세린은 1개 분자에 무려 9개의 산소를 가지고 있습니다.

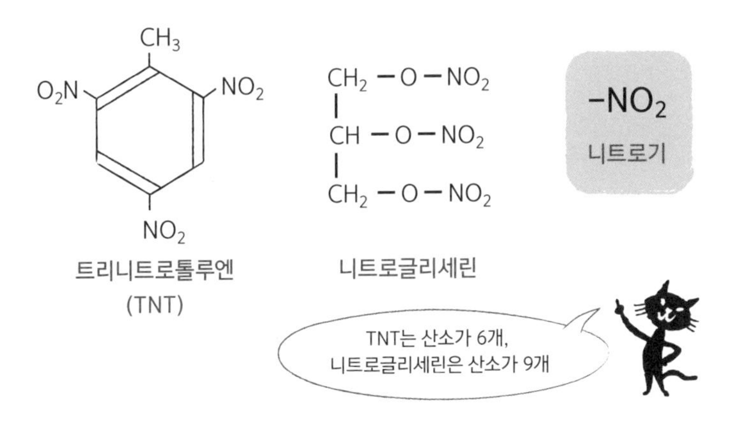

질산은 이런 니트로기를 화합물에 도입한 것입니다. 즉, 하버와 보슈는 폭약 합성을 위한 원료를 제조하는 기술도 개발한 꼴이 되어버렸습니다. 실제로 제1차 세계대전에서 독일군이 사용한 탄약의 대부분은 하버-보슈법을 통해 제조하여 충당했다고 합니다. 현대에 이르러 전쟁이 빈번히 발발하고 심지어 대규모화, 장기화한 것은 하버-보슈법으로 질산의 무한 제조가 가능해졌기 때문이라는 설도 있습니다.

인류를 굶주림에서 구한 것이 하버-보슈법이라면 인류를 공포의 나락으로 떨어뜨린 것도 하버-보슈법입니다. 이렇듯 같은 연구 업적이라도 어떻게 쓰느냐에 따라 영향력이 크게 달라집니다.

우리는 인 덕분에 살아왔다

'인'도 식물의 3대 영양소 중 하나입니다. 인이 부족하면 꽃과 열매 맺음이 나빠지므로 꽃을 비롯한 채소와 과실을 기를 때 필수적인 영양소입니다. 그밖에 인간은 물론 동물에게도 중요한 작용을 합니다.

인은 성인의 체내에 800g 정도 존재하는데, 그 가운데 85%가량은 인산칼슘의 형태로 골격 형성을 담당하고 있습니다. 그러나 생체에서 인의 중요성은 골격보다 다른 곳에서 빛을 발합니다. 바로 핵산입니다. 핵산의 주요 구성 원소 중 하나가 인이기 때문입니다. 인이 없으면 모든 생물이 자손을 남길 수 없다는 뜻이 되지요. 지금까지 생물이 생존할 수 있었던 것은 바로 인 덕분입니다.

그뿐만이 아닙니다. 생물은 음식물을 대사(화학적으로는 '산화')함으로써 에너지를 얻습니다. 그러므로 실제로 필요할 때까지 그 에너지를 보존할 수 없다면 의미가 없겠지요. 여기서 에너지를 저장하는 역할을 하는 것이 ATP라는 분자인데, 이 ATP의 주요 원소도 인입니다.

이처럼 인은 양 자체는 많지 않지만 생체 내에서 핵심적인 역할을 담당하는 원소입니다. 그만큼 생체에 치명적인 영향을 줄 수도 있습니다. 이런 성질을 이용한 것으로 유기인계 살충제와 치명적 화학무기인 사린, 소만, VX 등이 있습니다.

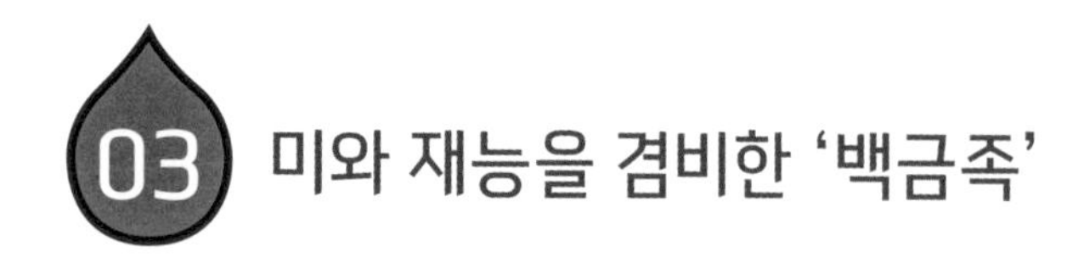

03 미와 재능을 겸비한 '백금족'

백금족

금, 은, 백금 등의 귀금속. 특히 백금은 수소연료 전지를 비롯해 각종 촉매로 산업 현장에서 활용되며 항암제로도 쓰인다.

대도시의 번화가를 걷다보면 보석가게를 흔히 볼 수 있습니다. 여기에서 취급하는 귀금속은 대개 '금, 은, 플래티나(백금)'의 세 종류입니다. 하지만 화학의 세계에서는 조금 다르게 금, 은 외에 백금족이라고 불리는 6종류의 원소 '루테늄, 로듐, 팔라듐, 오스뮴, 이리듐, 플래티넘(백금)'을 합한 총 8종류의 금속을 말합니다.

이들 금속의 특징은 아름다움이 아니라 모두 '반응성이 적다'는 점, 즉 어떤 것에도 침범당하지 않는다는 점입니다. 귀금속은 아름답고 어떤 물질의 영향도 받지 않지만, 화학적으로는 지나치게 안정되어 있어 용도가 한정적이라는 이미지가 있었습니다. 하지만 지금은 상황이 크게 바뀌었지요. 귀금속원소는 현대 화학의 최첨단에서 활약하기 시작했습니다.

18K에서 8K로 전락한 '샤치호코'

보석가게의 쇼윈도에 장식된 '화이트골드(white gold)'를 그대로 번역하면 '백금(白金)'이 됩니다. 그러나 '백금'은 영어로 '플래티나(platina)'입니다. 플래티나와 화이트골드는 성질이 다른 별개의 것이므로 화이트골드를 백금이라고 번역해서는 안 됩니다. 화이트골드의 정체는 합금입니다. 금에 니켈, 아연 등을 배합하여 흰색으로 만든 것입니다.

합금은 금의 함유량을 캐럿(K)으로 나타냅니다. 순금을 24K로 표시하기 때문에 금 함유량이 50%면 12K라고 하면 됩니다.

참고로 나고야 성의 샤치호코(성곽 등의 용마루 양단에 장식해놓은, 머리는 호랑이 같고 등에는 가시가 돋친 물고기 모양의 장식물. 보통 금으로 되어 있다-옮긴이)는 축조 당시 도요토미 히데요시의 게이초오반(에도 시대 초기에 발행된 커다란 판 모양의 금화-옮긴이)을 녹인 것으로 만들어졌는데, 금으로 되어 있는 부분은 표면뿐이지만 순도는 18K였다고 합니다. 하지만 그 후 오와리 번(당시 나고야 지역을 지배하던 세력-옮긴이)의 재정이 궁핍해질 때마다 샤치호코의 비늘을 몇 장씩 벗겨내어 쓰다가 남은 비늘 부분에 은과 동을 섞어 수리하는 바람에 에도 시대 말기에는 순도가 8K까지 떨어졌다고 합니다. 게다가 백성들이 그 사실을 눈치 채지 못하게끔 '새똥이 떨어지지 않도록' 하겠다며 샤치호코 주변을 금으로 된 그물로 둘러싸 잘 보이지 않게 만들었다고 하니, 당시 지배세력의 낮은 수준이 드러나는 것 같습니다.

최첨단 산업의 러브콜을 받는 귀금속

귀금속원소가 본격 활약하기 시작한 용도는 촉매입니다. 현재 촉매는 수소연료 전지 분야에서 주목받고 있습니다. 수소연료 전지는 수소와 산소가 반응하여 물이 될 때의 반응에너지를 전기에너지로 변환하는 장치입니다. 즉, 물의 전기분해와는 반대 방향이자, 아폴로 13호의 사례와는 같은 원리입니다. 이 전지에는 촉매가 필수적인데, 현재 시점에서 사용되고 있는 금속이 백금입니다.

그러나 귀금속의 약점은 귀한 만큼 가격이 높다는 점입니다. 그중에서도 백금은 80%에 가까운 양이 남아프리카에서만 산출되는 레어메탈(희소 금속원소)이고 가격은 대부분 금보다 높습니다. 게다가 가격 변동도 심합니다. 기술적으로는 수소연료 전지가 완성되었음에도 백금 가격이 급등하여 경제적으로 감당할 수 없는 상황에 놓이기도 합니다. 만들면 만들수록 적자이니 상용화는 쉬운 일이 아닙니다.

한편 자동차 배기가스의 유해물질을 제거하는 촉매 변환 장치도 주목받고 있습니다. 이 촉매에는 백금, 파라듐, 로듐, 이리듐 등과 같은 귀금속이 쓰입니다. 최첨단 분야에서 귀금속 수요가 매우 높아지고 있는 것이지요.

전기 자동차의 동력원으로 기대를 모으는 수소연료 전지에서부터 가솔린 자동차의 배기가스 대책에 필수적인 촉매 변환 장치까지, 이처럼 자동차는 이제 귀금속 촉매 없이는 달릴 수 없다고 해도 과언이 아닙니다. 귀금속 외의 촉매 개발도 진행되고 있으나 그 경우에도 레어메탈은 필요하며, 때문에 희소성과 가격 면에서는 귀금속과 큰 차이가 없는 실정입니다.

의약품 분야에서도 활약하는 귀금속

귀금속은 의약품 분야에서도 활동 영역을 넓히고 있습니다. 자가면역 질환인 류머티즘에는 지금까지 효과가 있는 약이 없었습니다. 그런 가운데 개발된 것이 '금티오말산 나트륨'이라는 항류머티즘 약입니다. 이름 그대로 금 화합물이지요. 면역반응을 주관하는 면역세포의 작용을 떨어뜨리는데, 자세한 작용 메커니즘은 밝혀지지 않았습니다.

항암제로는 상품명 '카보플라틴' 등에서 백금 제제가 사용됩니다. 이 약은 이중나선을 구성하는 DNA에 작용하여 두 개의 DNA 분자 체인에 걸친 모양으로 가교구조(고분자를 연결해 물리적·화학적 성질을 변화시키는 구조)를 만듭니다. 그러면 DNA는 분열·복제가 불가능해지므로 암세포의 분열·증식도 불가능해져 암 치료에 효과가 있습니다.

귀금속은 아름다움뿐만 아니라 이제 산업 현장, 나아가서는 의료 현장까지 진출하며 우리의 삶에 크게 공헌하고 있습니다.

'가볍다+강하다'로 시대의 총아가 된 '경금속'

경금속

금속을 비중에 따라 분류했을 때 비중이 대략 5보다 작은 것을 말한다. 경금속에는 고성능 합금의 원료도 있다.

지금까지 인류를 위해 큰 기여를 해온 금속 가운데 가장 먼저 꼽아야 할 것은 아무래도 '철'이겠지요. 그중에 빼놓을 수 없는 것이 바로 '경금속'입니다.

경금속이란 비중이 4 혹은 5 이하의 금속원소를 가리키며 알루미늄(비중 2.7), 마그네슘(비중 1.7), 티타늄(비중 4.5) 등이 있습니다.

경금속을 배합한 합금은 가벼운 무게, 강력한 기계적 강도 등 뛰어난 특징이 있어 항공기의 기체 제작에 필수적으로 쓰입니다. 최근 들어 그 밖의 분야에서도 주목도가 높은 원소입니다.

▲ 형상기억, 광촉매 등의 새로운 시장에 진출하는 티타늄

티타늄은 지각 매장량으로 보면 아홉 번째로 많은 원소이며, 실용성

측면에서 보면 알루미늄과 마그네슘에 이어 세 번째로 높은 금속입니다. 그러나 제련이 어려워 티타늄 금속을 본격적으로 쓰기 시작한 것은 20세기 중엽의 일입니다. 이제 반세기 정도 인류와 함께 걸어온 새로운 금속인 셈이지요.

티타늄은 가벼운 데다 강도가 높아 다양한 방면에서 활용되고 있습니다. 항공기는 물론이고, 골프 클럽의 헤드, 안경테 등의 분야에서 쓰이고 있지요. 제품의 형상을 기억하는 성질이 있어 변형되거나 가열해도 원래 형상으로 돌아오는 **'형상기억합금'**의 소재로도 활용됩니다.

티타늄은 **'광촉매'**로도 활약 중입니다. 광촉매는 빛을 받아들여 화학반응에서 반응속도에 영향을 주는 물질로, 이산화티타늄(TiO_2)을 광촉매로 활용해 물을 수소와 산소로 분해하는 공정에 사용하고 있습니다. 빛에너지가 수소가스를 직접 발생하도록 돕기 때문에 수소연료 전지 개발과 맞물려 최근 관심을 받고 있습니다.

또한 이산화티타늄으로 자동차 유리에 코팅을 하면 초친수성(물 분자를 흡수해 엷은 막을 만들어내는 성질) 덕분에 물방울이 맺히지 않아 비 오는 날에도 문제없이 시야가 확보됩니다. 건물 외벽에 이산화티타늄으로 코팅을 할 경우 초친수성 작용으로 만들어진 막이 오염 물질을 표면에 달라붙지 않게 해 청소에 용이합니다.

그밖에도 옛날에는 화장용 분으로 독성이 강한 연백(鉛白, 탄산납)을 사용했지만 인체 유해성 때문에 현재는 이산화티타늄으로 대체되었습니다. 자외선차단제의 성분에도 함유되어 있는데, 피부에 보호막을 만들어 자외선을 물리적으로 차단시키는 작용을 합니다.

▲ '가볍다+강하다' 경금속 간의 합금

특이한 용도의 경금속으로는 리튬(비중 0.51)이 있습니다. 리튬은 은백색을 띠는 부드러운 금속으로 금속 중에서 가장 비중이 낮습니다. 일상에서 흔히 접하는 리튬 전지의 원료로 쓰이고 있으며, 우울증 치료약으로도 사용됩니다.

경금속은 가벼우면서도 강도가 높아 항공기의 동체(구리, 마그네슘, 알루미늄 합금인 두랄루민)와 F1 레이스의 차량 본체(마그네슘과 알루미늄의 합금) 등에 흔히 사용됩니다.

베릴륨은 극저온에서도 변형이 거의 없는 특성을 살려 우주 공간에서 사용하는 망원경의 소재로 이용되고 있습니다.

경금속원소는 그동안 정련 작업이 어려웠으나 요즘 점차 개발되어 새로운 시장이 하나둘씩 열리고 있습니다.

05 오늘날 귀한 전략원소가 된 '레어메탈'

레어메탈(rare metal)

첨단 산업에 불가결한 금속이지만 자국 내 산출량이 적어 확보하기 힘든 금속원소. 특정 소수 국가에 생산이 편중되어 있어 안정된 공급량의 확보가 문제되고 있다.

'레어메탈'을 직역하면 '희소금속'으로, 총 47종이 레어메탈로 지정되어 있습니다. 70종가량의 금속원소 중 47종이므로 금속원소의 3분의 2가 여기에 해당됩니다.

비슷한 용어로 '레어어스(rear earth)'라는 것이 있습니다. 이것은 **'희토류'**원소라고 번역되며 총 17종입니다. 레어어스 17종은 모두 레어메탈에 포함되어 있기 때문에 이 두 가지는 별개의 것이 아닙니다.

레어메탈은 합금으로 제조하면 강도가 올라갈 뿐 아니라 내열성, 내약품성이 향상되는 등 고품질 소재가 됩니다. 레어어스는 발광성 및 자성에서 특별한 성질을 지니고 있는 것이 많아 오늘날의 최첨단 과학 산업에서 빼놓을 수 없는 존재입니다.

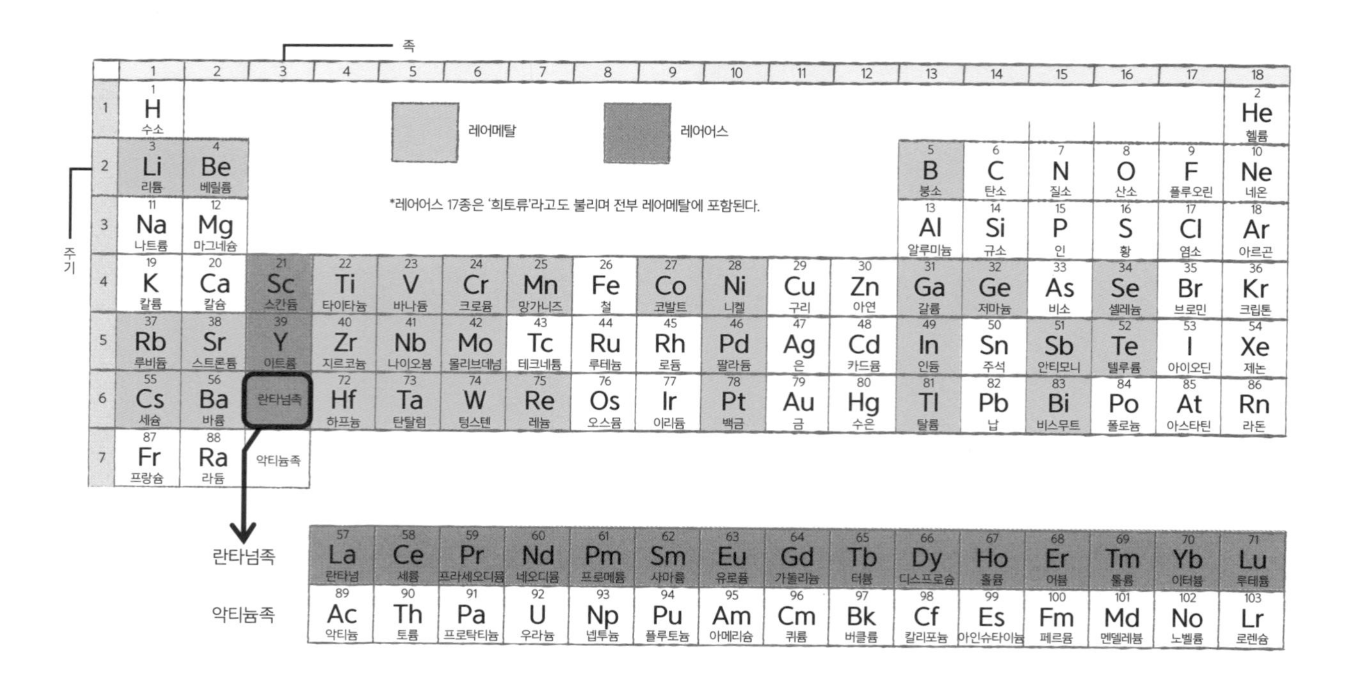

족
주기
1 2 3 4 5 6 7 8 9 10 11 12 13 14 15 16 17 18
1 2 3 4 5 6 7
레어메탈
레어어스
*레어어스 17종은 '희토류'라고도 불리며 전부 레어메탈에 포함된다.
1 H 수소
2 He 헬륨
3 Li 리튬
4 Be 베릴륨
5 B 붕소
6 C 탄소
7 N 질소
8 O 산소
9 F 플루오린
10 Ne 네온
11 Na 나트륨
12 Mg 마그네슘
13 Al 알루미늄
14 Si 규소
15 P 인
16 S 황
17 Cl 염소
18 Ar 아르곤
19 K 칼륨
20 Ca 칼슘
21 Sc 스칸듐
22 Ti 타이타늄
23 V 바나듐
24 Cr 크로뮴
25 Mn 망가니즈
26 Fe 철
27 Co 코발트
28 Ni 니켈
29 Cu 구리
30 Zn 아연
31 Ga 갈륨
32 Ge 저마늄
33 As 비소
34 Se 셀레늄
35 Br 브로민
36 Kr 크립톤
37 Rb 루비듐
38 Sr 스트론튬
39 Y 이트륨
40 Zr 지르코늄
41 Nb 나이오븀
42 Mo 몰리브데넘
43 Tc 테크네튬
44 Ru 루테늄
45 Rh 로듐
46 Pd 팔라듐
47 Ag 은
48 Cd 카드뮴
49 In 인듐
50 Sn 주석
51 Sb 안티모니
52 Te 텔루륨
53 I 아이오딘
54 Xe 제논
55 Cs 세슘
56 Ba 바륨
란타넘족
72 Hf 하프늄
73 Ta 탄탈럼
74 W 텅스텐
75 Re 레늄
76 Os 오스뮴
77 Ir 이리듐
78 Pt 백금
79 Au 금
80 Hg 수은
81 Tl 탈륨
82 Pb 납
83 Bi 비스무트
84 Po 폴로늄
85 At 아스타틴
86 Rn 라돈
87 Fr 프랑슘
88 Ra 라듐
악티늄족
란타넘족
57 La 란타넘
58 Ce 세륨
59 Pr 프라세오디뮴
60 Nd 네오디뮴
61 Pm 프로메튬
62 Sm 사마륨
63 Eu 유로퓸
64 Gd 가돌리늄
65 Tb 터븀
66 Dy 디스프로슘
67 Ho 홀뮴
68 Er 어븀
69 Tm 툴륨
70 Yb 이터븀
71 Lu 루테튬
악티늄족
89 Ac 악티늄
90 Th 토륨
91 Pa 프로트악티늄
92 U 우라늄
93 Np 넵투늄
94 Pu 플루토늄
95 Am 아메리슘
96 Cm 퀴륨
97 Bk 버클륨
98 Cf 칼리포늄
99 Es 아인슈타이늄
100 Fm 페르뮴
101 Md 멘델레븀
102 No 노벨륨
103 Lr 로렌슘

▲ 레어메탈의 분류법

레어메탈은 현대 산업의 비타민이라고 불릴 정도로 중요한 금속이지만 일본에서 산출량이 적습니다. '레어메탈'이라는 분류는 정치적, 경제적 측면에서 보면 드문 사례입니다. '희소하다'는 것은 '자국 내에서 희소하다'는 의미며 아래의 조건 중 하나를 만족시키는 금속을 말합니다.

①매장량이 적다.
②특정 지역에 편중되어 있다.
③분리, 제련이 어렵다.

▲ 17종의 레어어스

레어어스의 분류는 레어메탈과는 달리 엄연한 화학적 분류를 따르는데, 주기율표 3족의 위쪽에 있는 세 종류, 즉 스칸듐, 이트륨, 란타넘을 가리킵니다. 그중 **'란타넘'**은 원소명이 아니라 원소 그룹의 이름으로 총 15종의 원소가 있습니다. 그래서 레어어스라는 것은 스칸듐, 이트륨과 이 15종의 란타넘족을 합해 총 17종의 원소를 말합니다.

란타넘족 원소는 주기율표에 한 칸으로 되어 있는 것에서 짐작할 수 있듯이 이들 원소의 성질은 매우 비슷합니다. 분리·제련이 매우 어렵다는 점이 그것입니다. 게다가 레어어스는 방사성 원소인 토륨과 함께 산출됩니다. 따라서 레어어스의 분리·제련은 큰 위험을 동반합니다.

▲ 레어메탈, 레어어스는 어떻게 쓰이는가

레어메탈은 주로 철 등의 금속에 섞어 합금으로 쓰입니다. 그 결과 아주 단단한 합금(초경합금), 초내열 합금, 반대로 초저온에서 강도가 떨어지지 않는 합금, 내약품성이 뛰어난 합금 등을 얻을 수 있습니다. 이들 물질은 공작기기, 항공기, 로켓 등에 반드시 필요한 금속으로, 일본을 비롯한 여러 국가의 첨단 산업 분야의 고기능·고성능 제품을 생산하는 데 든든한 주춧돌 역할을 하고 있습니다. 아래 그림은 휴대전화에서 레어메탈이 어떻게 활용되는지를 나타낸 것입니다.

레어어스는 특별한 발광성, 자성을 가진 것이 많다고 합니다. 일본의 전기 자동차, 하이브리드 자동차에는 네오디뮴 자석이 쓰이는데, 네오디뮴 외에도 디스프로슘을 반드시 첨가해야 합니다. 네오디뮴과 디스프로슘은 모두 레어어스입니다.

이처럼 레어어스는 TV, 모니터 등의 컬러소자, 고성능 자석, 레이저 발광소자 등 그야말로 최첨단 과학 산업의 현장에서 활약하고 있습니다.

휴대전화에 쓰이는 레어메탈(레어메탈은 파란색으로 표시)

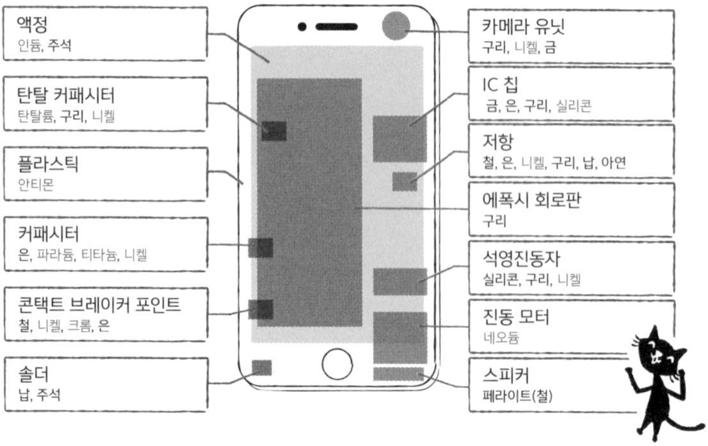

액정
인듐, 주석

탄탈 커패시터
탄탈륨, 구리, 니켈

플라스틱
안티몬

커패시터
은, 파라듐, 티타늄, 니켈

콘택트 브레이커 포인트
철, 니켈, 크롬, 은

솔더
납, 주석

카메라 유닛
구리, 니켈, 금

IC 칩
금, 은, 구리, 실리콘

저항
철, 은, 니켈, 구리, 납, 아연

에폭시 회로판
구리

석영진동자
실리콘, 구리, 니켈

진동 모터
네오듐

스피커
페라이트(철)

레어메탈은 지금도 수급이 어렵기 때문에 앞으로 공급 부족과 불안정을 고려해 비결정 금속과 기능성 유기소재 등 레어메탈을 대체할 수 있는 물질을 하루 빨리 개발해야 합니다.

Column

러일전쟁 승리의 비밀, 피크르산

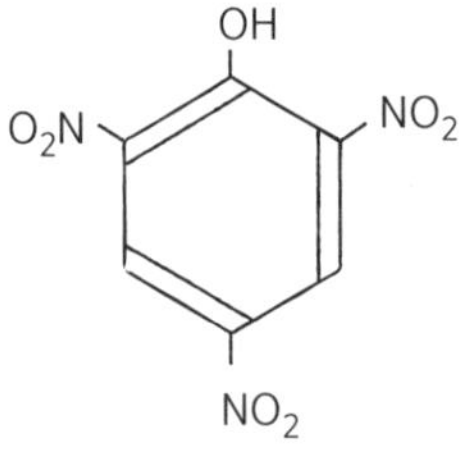

OH
O_2N
NO_2
NO_2

산소가 7개 있는
피크르산

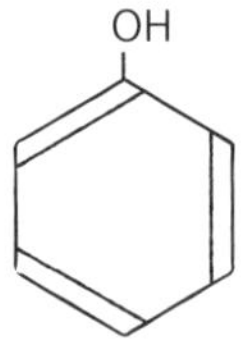

OH

페놀

산소가 7개나
되니 폭발력이
강하겠구나~

현대에 들어와 폭약의 대명사로 트리니트로톨루엔(TNT)을 꼽습니다. 그러나 20세기 초 러일전쟁(1904년) 무렵 각국의 군대는 TNT 외에 다른 화약을 사용했습니다.

일본군이 러일전쟁에서 쓴 폭약은 해군 기술자 시모세 마사치카가 개량하여 실용화한 '시모세 화약'이었습니다. 이 화약은 폭발력이 강하고 연소성이 좋아 적군에 큰 규모의 피해를 입혔다고 합니다. 일본이 러일전쟁에서 승리한 것은 해전에서 이 시모세 화약을 발포했기 때문이라는 설이 있을 정도입니다.

시모세 화약은 화학적으로는 피크르산이라는 물질로 만듭니다. 폭발이란 급속한 연소반응을 말하는 것이므로 폭약 안에 산소 원자가 많을수록 유리합니다. 앞서 본문에서도 TNT는 분자 1개당 6개의 산소를 가지고 있다고 말씀드렸는데, 피크르산은 무려 7개의 산소를 가지고 있습니다.

그러나 이렇게 놀라운 폭약에도 치명적인 결함이 있었습니다. 피크르산이 페놀 유도체라는 사실이었지요. 페놀은 산성 물질입니다. 포탄 속에 장기간 채워놓으면 포탄의 철이 산화되어 약해집니다. 자칫하다간 발사 시 포신 안에서 파열될 우려가 있습니다. 이럴 경우 아군을 위험에 빠뜨릴 위험도 있지요. 피크르산은 이런 사정 때문에 결국 TNT로 대체되고 말았습니다.

내가 사랑한 화학 이야기

1판 1쇄 찍은날 2018년 1월 26일 | **1판 6쇄 펴낸날** 2021년 5월 11일
지은이 | 사이토 가쓰히로 | **옮긴이** | 전화윤 | **감수** | 김대훈 · 도승회

펴낸이 | 정종호 | **펴낸곳** | 청어람 e
책임편집 | 여혜영 | **디자인** | 이원우 | **마케팅** | 황효선 | **제작 · 관리** | 정수진
인쇄·제본 | (주)에스제이피앤비

등록 | 1998년 12월 8일 제22-1469호
주소 | 03908 서울시 마포구 월드컵북로 375, 402
전화 | 02-3143-4006~8 | **팩스** | 02-3143-4003
이메일 | chungaram@naver.com

ISBN 979-11-5871-059-0 04400
ISBN 979-11-5871-056-9 (세트) 04400
잘못된 책은 구입하신 서점에서 바꾸어 드립니다. 값은 뒤표지에 있습니다.

청어람 e))는 미래세대와 함께하는 출판과 교육을 전문으로 하는 청어람미디어의 브랜드입니다.
어린이, 청소년 그리고 청년들이 현재를 돌보고 미래를 준비할 수 있도록 즐겁게 기획하고 실천합니다.